七田真

如何激發幼兒智力與才能

七田真◎著
王蘊潔◎譯

全新修訂版

前言
完善的幼兒能力教育

七田 真

在育兒過程中，最重要的就是父母給予孩子豐富的愛，使孩子個性開朗、正直、富有愛心、能與其他孩子和睦相處、協調性佳。同時能夠懂得體諒他人，具有多樣化的素質和才能。

二十一世紀，需要的是兼具人性、個性、感性、創造性的人才。

為了培育這樣的人才，父母必須從幼兒時期開始，注重孩子的心靈教育。但在現實生活中，我們太缺乏具體的實踐方法。

雖然有人提出某些方法，但總是不夠全面。有人認為，在幼兒時期，應該讓孩子「為所欲為」，才是對父母、對孩子最佳的教育。其實按照這種方法培育，孩子長大後，容易變成以自我為中心、任性、不懂得體諒他人的小孩。上學以後也無法與其他孩子相處，而使校園暴力事件發生。

但另一方面，如果只注重知性教育，會使家庭成員產生強烈的精神壓力，這種不注重心靈的教育，只會造成負面的影響。

於是，本人提出一種全面性的、均衡性的教育。

本書並不是一味談論教育概念、內容空洞的書，而是為父母提供一本在育兒生活中，可以具體實踐的指導書。

如果本書能夠對忙於育兒的父母有所幫助，將是本人最大的喜悅。

第二章

〇至四歲的育兒教育

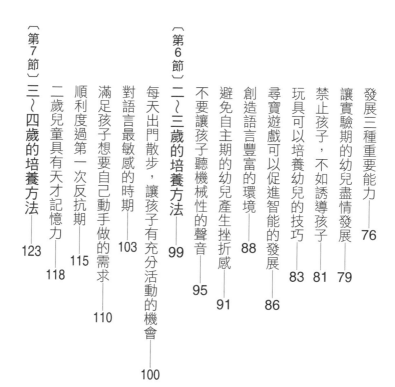

第三章

教養孩子的難題

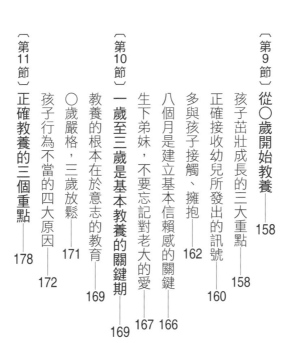

第四章

從語言教育培養幼兒思考力

第一章

父母的感性可以培養天才的幼兒

第1節

你知道嗎？每個幼兒都是天才

幼兒時期的孩子頭腦特別靈活

你知道嗎？

孩子在幼兒時期的頭腦特別靈活。

剛出生不久的孩子，頭腦有著驚人的吸收能力。以「兒童之家」聞名的幼兒教育家——義大利的蒙特梭利女士，稱這種吸收能力為「與生俱來的吸收能力」。她認為，「成人已經喪失了這種能力，這是一種可以與上帝創造力相提並論的不可思議的力量。幼兒自出生以來，在各種環境中接受刺激，等到掌握環境的各項元素以後，這種力量就會快速消失。」

○歲孩子的吸收能力非常強，如果拿大人與○歲～二歲的幼兒相比，大人就會顯得資

在幼兒時期，身邊的所有事物，
都會被幼兒的潛意識所吸收。

質平庸。

幼兒在這個年齡階段，是絕對天才，擁有非常優秀的頭腦吸收力，但如果父母沒有這樣的認知，不給予任何適當的教育刺激，幼兒的腦部功能就無法獲得良好的發展，會隨著年紀漸長而逐漸喪失吸收力，快速變成平庸的頭腦。

如果錯過這個黃金時期，即使日後給予再優秀的教育刺激，都無法使已經喪失的腦部吸收力重新發揮作用，難以再度形成一個高品質的頭腦。

〇歲至三歲期間，幼兒的吸收能力就像天才一般，能夠接受各種難易程度的教育性刺激。這些刺激並不只是單純留在記憶中的知識，而是逐漸形成一種比超級電腦更勝一籌的資質。

幼兒在這個時期所吸收的一切，會直接進入深層意識（潛意識），使得潛意識裡儲存的知識變得像電腦一樣複雜，使得幼兒發展出獨立思考能力和推理能力。

幼兒會記憶別人對自己所說的話，逐漸學會自己發音說話，這個能力並非只是靠記憶力，這是一種成人頭腦所缺乏的優秀處理能力，可以記住任何困難的語言。

所有的家長都應該瞭解，每一個幼兒天生都具備有這種優秀能力，就是因為這種天生的優秀能力，使得每一個幼兒都具備了天才的特質。

所以，幼兒天生就是個天才，如果後天環境沒有好好發展，這種能力就會被掩蓋。

在幼兒時期，幼兒身邊的所有事物，都會被幼兒的潛意識所吸收。

從出生到六個月，頭腦的基本原型已經形成

以前大家都認為，幼兒學會母語是理所當然的事。幼兒彷彿在頭腦裡面有一個能夠自然而然學習語言的特別裝置，與周圍環境沒有任何關係（可參考喬姆斯基的「先天性語言獲得裝置」，language acquisition device, LAD）。

原來，在幼兒的頭腦中，有著猩猩等其孩子動物所沒有的語言獲得裝置，而且，這種優秀的能力是與生俱來的。

但是，認為「與周圍環境沒有任何關係」，這種想法並不正確。

我們必須瞭解，頭腦功能必須藉由外界的刺激才能發展。

從幼兒誕生那天開始，父母就應該努力多和孩子說話，這樣一來，幼兒具有優秀吸收能力的頭腦，才能夠多多吸收語言，逐漸累積後，形成幼兒自己的語言。如此可以使孩子的語言更加豐富。

孩子在記憶語言的時候，並沒有同時理解語言內容，只是記憶發音，然後吸收至潛意

識裡。當幼兒逐漸具備理解能力後，從前累積在潛意識裡，不具有任何意義的語言，才會突然在產生了意義。

　這種作用是由成人頭腦所不具備的高度處理能力所進行，因此，在成人眼中，所有二歲

的孩子都是優秀的語言學家。

　或許大人們並不瞭解其中的原由，認為語言是自然形成的。

如果父母認為寶寶很乖，很好帶，就不教孩子任何東西，出生到半年，整天讓寶寶靜靜地睡覺，以這種狀況來說，孩子即使到兩三歲也無法學會說話，變成發育遲緩的孩子。

當幼兒從天才「墮落」為凡人，就再也無法回到原來的天才寶座。幼兒從出生到六個月，父母給予孩子的不同「教育」，竟會造成如此巨大的差異，如果父母在這個時期進行錯誤的教育，就會使孩子喪失與生俱來的天才素質。

一般認為，在出生到六個月內，幼兒頭腦會形成基本原型，到三歲時，腦細胞幾乎完成了百分之六十的配置工作。

因此，絕對不能在這一階段不給幼兒任何刺激，使寶寶終日在無聊中度過。只要給予正確的引導刺激，幼兒就能展現出優異的能力。

「銘記法則」令人意外發現電視的危害

澳洲的比較行動學家勞倫斯指出，幼兒在剛出生時，從外界所獲得的印象具有決定性意義。

勞倫斯認為，在動物的學習中（包括人類在內，所有動物的學習），尤其是在剛出生時的學習，會產生「銘記現象」(Imprinting)。

例如：鴨子、鵝、野鴨等雛鳥（孵化時全身披著羽毛，無法立即行走的幼鳥），在孵化後，會追隨第一眼所看到的、會動的東西，這是一種本能的行為模式。對雛鴨（雛鵝）來說，第一眼看到會動的東西，通常都是母鴨（母鵝）。即使雛鴨（雛鵝）追隨母鴨（母鵝），也是為了自己的生存和安全，這種行為非常合理。

以前一直認為雛鴨（雛鵝）在出生後，立即追隨母鴨（母鵝）的行動是一種本能，這其實是必須加以修正的。

雛鴨（雛鵝）會追隨出生後第一眼看到的任何會動的東西，這就是所謂的「銘記法則」。

如果雛鴨（雛鵝）第一眼看到的、會動的東西是人，就會一直跟著人走；如果是動物玩具，就會一直跟著玩具走，甚至不理會母親（母鵝）。

羅倫斯所提出的「銘記法則」具有十分重大的意義。因為，這種銘記現象也發生在人類的幼兒身上。

在幼兒誕生的環境，通常都有電視。幼兒出生一個半月左右，開始可以用耳朵聽、用眼睛看，此時，如果讓孩子整天看（聽）電視，孩子的頭腦就會對電視留下深深的銘記。漸漸地，幼兒對母親的聲音不會產生回應，即使母親對幼兒說話，看到的事物告訴幼兒，唱歌給幼兒聽，幼兒也不會有太大反應。

當孩子到了兩三歲，甚至會表現出下面的生活態度——

①不會用語言表達。

②視線不與母親接觸。

③動作激烈，無法安靜下來，整天動個不停。

④哼唱自己喜歡的電視廣告歌曲。

⑤獨立發展緩慢，許多事無法自理。

⑥不懂什麼是危險。

⑦喜歡機械，擅長操作機械。

如果經常讓孩子守在電視機旁，幼兒只會對電視產生反應，變得不去回應媽媽的聲音。

⑧知性方面表現優秀。

從幼兒出生到二歲左右，電視對寶寶的頭腦可以產生這種銘記的作用。如果讓二歲的孩子一天看五、六個小時的電視，孩子必定會出現這種傾向。

電視之所以對寶寶無益，主要是因為電視的對話是單方面進行，孩子只能接收，沒有任何反應說話的機會，這樣會導致語言發展遲緩。除此之外，還會產生更嚴重的危險（銘記的危險）。

在這種環境下成長的孩子，會對母親的聲音變得毫無反應。若進行矯正治療，必須利用錄音機，讓孩子重複聽「媽媽」的聲音，久而久之，幼兒才會逐漸開始回應母親的聲音，母親和孩子之間重新才能展開對話。由此可知，銘記現象具有多麼重大的影響。

如何給予幼兒知性刺激

越能給予〇到一歲幼兒高度的環境（教育），就越能使孩子們發展出高度的天才素質。正如前面所談到的，一歲以前的寶寶具有一種魔法般的神秘能力。

這種神秘的能力只有在良好的環境下才能展現，否則，就會快速消失。相反的，在良好的環境中，如果能夠持續加以訓練，幼兒與生俱來的優異素質就可以更加傑出地展現。

這是大自然賦予幼兒的環境適應能力。由於具有這種特性，無論幼兒誕生在多麼高度

文明的社會，都可以培養出優秀的素質，進而成長、茁壯。

可是，許多母親在幼兒〇到一歲時，最多只給孩子聽聽音樂而已。

這種做法大錯特錯。在這段時間，必須為孩子做許多事。如果不把握這段期間，等到兩三歲才開始教育，就會出現很大的差異。如果能夠在這段期間讓幼兒有豐富、直接的體驗，幼兒的資質就會發展得十分優異。

〇至一歲是幼兒教育最重要的時期。為了給予幼兒知性的刺激，應該盡可能增加機會，以能夠促進幼兒知覺發展。

幼兒在出生後，立刻可以藉由五感——

看、聽、摸、嗅、嚐——認識周圍的世界，開始快速培養能力，去適應這個世界。

幼兒藉由五感加以學習。因此，如果在幼兒的周圍有可以自由玩耍的玩具，就可有效促進知覺的發達。

多與大人接觸，體會各種不同的經驗，也會成為幼兒一種良好的知性刺激。

第2節

幼兒的學習不同於成人

直接記憶的模式學習

現在，我們來瞭解幼兒學習的雙重構造。幼兒並不是從紅、藍等抽象形容詞的區別，來感受顏色，而是由人臉等實際物體，直接感受複雜的顏色。

如果幼兒先學會掌握感受紅色的能力，再逐步學習感受黃、藍等顏色，要經過數年的時間才能分辨人臉，因此幼兒並不是這樣學習的。

尤其在〇至一歲期間，幼兒對外界的認知模式並非由簡單逐漸複雜化，而是直接接受外界的刺激，這種發展模式與簡單、複雜的變化沒有任何關係。

因此，這段時期可以給予幼兒複雜的刺激。

在這段期間，幼兒的吸收能力（容納能力）比任何一個時期更大、更高，因此，必須

把握機會，給予最好的教育。

如果能夠在這段期間給予複雜的刺激，幼兒的頭腦就會因此產生複雜的迴路。

但父母必須瞭解，刺激的強度不能過度強烈。還要記住一個簡單的原則：重覆的刺激，才能使幼兒產生優良的迴路。

這種唯有「幼兒具備、成人並不具備」的模式學習能力，可以發揮許多功能，分述如下：

優良的模式學習能力，可以促使幼兒將外界的刺激記憶在腦細胞中。

這些刺激被幼兒腦部不可思議的感受性記錄下來，默默地固定在幼兒的無意識狀態下，這些都是幼兒自己所完全無法察覺的。刺激會像照片一樣，鉅細靡遺地留下完整記錄。

到了三歲，當孩子進入思考能力的發育期以後，這些記憶會從語言、才能、個性、行動等方面表現出來。例如：在語言方面，孩子在三歲以後，會開始說很多話，如果有充分刺激，就能夠自由、準確地說出許多具有高難度的語言。毫無疑問，這些都是在幼兒無意識的時期，藉由模式學習所獲得的記憶發揮作用所致。

這種學習方式不僅使孩子的語言豐富，更讓孩子的聲音、語調也帶有不同的特徵。

在〇歲至三歲期間，幼兒的大腦處於最敏感的時期，因此，幼兒能夠將所聽到的外語準確地說出來。接著這種能力會逐漸衰退，到了六歲左右，這種能力幾乎完全消失。

每一種外語都有獨特的發音方式，成人以後，掌握起來非常困難，但對幼兒來說，卻易如反掌。

因此，應該讓幼兒在〇至一歲期間多聽外語。這個時期的吸收能力極其優秀，即使再複雜的事物，也能夠以模式學習的方式，被潛意識吸收。

記憶與學習

除了模式學習，幼兒還有其他認知事物的方式。例如：幼兒在記憶單詞時，並非只靠模式學習方式，而是分別一一記憶。如果只靠模式學習，幼兒的語言能力不會有令人驚訝的進步。

除了要對幼兒說複雜的語言，也要重覆說一些簡單的對話。

以前，人們總是認為，不必刻意去教

幼兒的腦細胞會接受周圍的刺激，逐漸形成連結的神經迴路。

孩子說話，孩子到了一歲前後，自然而然就會說話。因此，在語言學習方面，靠的只是孩子的優秀模式學習能力。

但在最近的實驗觀察中發現，在孩子的成長過程中，多讓孩子聽豐富的語言，會使孩子說話的能力越早展現，說話也會更加清楚。但一般社會大眾卻沒有注意到這一點。

幼兒在記憶第一句話，的確需要重複數千次。但是，在記憶第二句話時，只需要幾十分之一次數就可以完成，接著，對第三次、第四次的刺激反應會越來越快速，如此能力不斷增強。這是因為，在幼兒的腦部早已經形成神經迴路。

幼兒剛出生時，腦細胞之間沒有複雜的連結，無法發揮功能。等到出生後，在不斷受到環境刺激下，腦細胞之間逐漸產生連結。在形成神經連結的過程中，「重複」非常重要。在重複的過程中，神經與神經的連結增加，形成可以輕鬆傳遞刺激的神經迴路。但若缺乏刺激，也就是環境的刺激很少，會使幼兒腦細胞的連結變得比較微弱，神經迴路的形成也就沒那麼複雜。

孩子在六歲以前，是這種神經迴路主要形成的時期。神經迴路一旦形成，就無法重

來。在六歲以後，無論學習環境再怎麼良好，也無法改變已經形成的迴路，無法再培養出一個傳遞複雜刺激的迴路。

即使父母已經從〇歲開始，對幼兒進行教育，使幼兒發展出優秀的腦神經迴路，雖然幼兒的能力能快速發展，但也必須隨時注意，給予適當的刺激，否則，進步就會停滯不前。適當的學習可以強化幼兒的能力，使腦細胞之間活潑地繼續建造優秀、複雜的連結。

從兩三歲開始就接受雙語教育的孩子，可以輕鬆地掌握大學生花費四年時間卻無法輕易掌握的語言能力，原因就在於早期接受高效率教育的幼兒，腦細胞具備了優秀的迴路，可以輕鬆完成複雜的工作。

第3節

幼兒能力的發展

從出生至六歲的三個能力發展階段

為了使幼兒這種與生俱來的優秀素質和能力，能夠獲得良好的發展，我們首先必須對幼兒的能力發展階段有所瞭解。

幼兒的能力發展過程大致可以分為以下三個階段——

・第一個階段：從出生到出生六個月

吸收能力（感覺）的發展期。

・第二個階段：出生後半年至三歲

表現能力（創造力）的發展期。

・第三個階段：三歲至六歲

思考能力(技術)的發展期。

其中,第一個階段是吸收能力最佳的時期,在這一時期中,由於還在幼兒階段,父母經常會忽略教育,但其實這段時期是幼兒能力發展最重要的時期。

第二個階段、第三個階段的重要性僅次於第一個階段,在這個時期,要注意播下良好的種子。

接下來,我要就各個發展階段作詳細說明。

第一個階段:吸收能力(感覺)的發展期

在幼兒的所有感覺中,聽力的發育最早。幾乎在孩子誕生的同時,聽力就已經開始工作。但一般認為,在出生後兩星期左右,幼兒才能夠用兩耳追蹤、傾聽單一個聲音。

這一階段是幼兒最敏感的時期,腦部會因應環境刺激而快速成長,形成適應環境的能力。若在這個階段缺乏刺激,幼兒無法產生這種能力,能力會依照時間而遞減。

幼兒的五官感覺,視覺的發育僅次於聽覺之後。在出生後一個月左右,幼兒就可以用

兩眼凝視固定的一點。

這個時期，幼兒的眼睛功能還沒有完全發展，無法對事物產生認知。直到三、四個月以後，眼球的回轉肌肉發育完成，眼睛的功能才開始運作。

與聽覺發展時期一樣，眼睛發育完成之後，能力會依照時間而遞減，這就是才能的遞減法則。所以，必須在這個時期給孩子看一些美麗的圖畫。

從出生時開始，幼兒全身就已經有了輕微的皮膚感覺，一直要到五個月左右，皮膚感覺才能傳達到四肢的各個角落，手指的功能才會完整。

一般認為，幼兒從出生開始，嗅覺和味覺就已經發揮功能，但其實直到五個月左右，嗅覺和味覺才正式進入敏感時期。

幼兒三個月大開始，當聽到母親說話，會展露笑容。這是因為聽覺和視覺開始「合作」的關係。聽覺與視覺的腦細胞在大腦中處於對立的位置，這時對二者同時加以刺激，可以快速強化幼兒記憶能力。

媽媽將孩子抱在懷中哼唱，這種聽音樂的方式，遠比讓孩子躺著聽音樂更能使記憶深刻。因為，孩子在母親懷中聽歌時，皮膚感覺和聽覺也會發揮相輔相成的作用。

所以，把不同感覺刺激加以結合，不僅可以使刺激效果倍增，也可以使神經迴路變得更複雜，獲得$1+1=2+\alpha$的效果。

一般來說，幼兒隨時處於一種學習的飢餓狀態。在出生三、四個月左右，幼兒已經記住親人的臉孔，第一次的學習已經結束。這時，如果不及時補充新的刺激，幼兒就會陷入學習的飢餓狀態，開始出現吸手指等自我滿足的行為（吸手指是感到寂寞、不滿足時的替代行為）。

父母應該在這個時期給幼兒看繪本，讓幼兒聽旋律優美的音樂，重複進行。剛開始幼兒能不會有什麼反應，但重複一星期、十天之後，幼兒的頭腦就會產生神經反應迴路，開始對這種刺激產生興趣。

出生後六個月，這時，幼兒的感覺吸收能力最大，如果能夠在這個時期給予可促進吸收能力的組織性刺激，可以培養容納性極大的敏銳感覺。

如果不給予任何刺激，或許也能產生應有的吸收能力，但只能說是平庸的能力罷了！

在第一個階段的感覺能力發展期，父母應該注意，除了要常常對孩子說話，還需要播放

除了音樂，還要讓孩子多看優美的繪畫作品。

優美的音樂讓孩子聽，讓孩子看優美的繪畫作品。

當然，現代的母親大都注意到這些事，大部分母親都會時常給孩子聽優美的音樂。

根據統計，約有百分之八十的母親都讓孩子聽音樂。

但許多母親卻沒有意識到也要讓孩子看名畫。美術教育也一樣，必須從孩子一出生就開始進行。就好像幼兒會傾聽周圍人們談話，自然而然地學會說話；在幼兒成長的環境中，繪畫絕對不可或缺。

幼兒的眼睛發育完成，可以看到周圍的事物，就會開始受到色彩的影響。正因為如此，畫家會在不知不覺中，使用代表自己出生地的「地區色（local color）」。你可以在畫家作品的色彩運用上，感受到原

幼兒在無意識中，會受到色彩的影響，因此不妨在室內掛上色彩美麗的世界名畫，複製品也無妨。

作者的生長環境。因此，幼兒所處的環境也具有極其重要的意義。

剛出生的幼兒會在無意識中受到色彩的影響。室內所有的東西都有不同的顏色，在陽光的照射下，會產生反射，使房間的顏色也發生變化。在平淡無奇的房間裡面掛上一幅畫，室內的氣氛會驟然改變，這並非受到心理因素的影響，而是陽光照射到繪畫作品，所產生的反射光線。

大人不會注意到這種反射光線，只有幼兒和優秀的畫家具有識別這種反射光線的能力。幼兒憑藉優秀的潛在能力，敏銳地感受著空氣的顏色。

因此父母要注意，房間裡所有東西如家具、擺設的顏色和形狀，都必須慎重考慮。不妨在室內掛一幅世界名畫，當然，複製品也無妨，並且每個月換一次，讓孩子有機會見識更多的名畫。

請多讓第一個階段的幼兒見識最棒的美術作品。

當幼兒四個月大時，就可以讓孩子開始「看」繪本。繪本的色彩必須美麗，繪本的文字內容應該像詩一般押韻。美麗的色彩和優美的韻律，在雙重效果之下，可以使孩子的頭腦中形成複雜的迴路。

弗雷貝爾基於這種想法，創作了一本名為《母親的歌與安撫的歌》（日本 Do Re Mi 樂譜出版社）繪本，這是一本最適合四個月左右的幼兒繪本，也是最具效果的教育法。（譯註：《母親的歌與安撫的歌》已絕版，現今書店有許多音樂、名畫等繪本，可以照主題選購。）

這個時期給孩子看的書，不一定是幼兒專用的書籍，也可以給孩子看一些優美的畫冊。

使用繪本時，重點在於要同時發揮視覺和聽覺的作用，讓孩子在看書的同時，一邊唱歌、讀書或放音樂給孩子聽，或是說故事給孩子聽。

特別注意的是，一定要重複做相同的事。

美國的史托納夫人曾經讓九歲的孩子成功考取大學，她就是在孩子一個月大時，開始重覆讀誦優美的詩句給孩子聽。

從第一個階段開始，就要經常重複給孩子說優美的故事，讓孩子習慣語句，如《桃太郎》就是引導孩子進入文學之路的好故事之一。「大大的桃子咕嚕嚕，嘩啦啦，咕嚕嚕，嘩啦啦地滾了過來……」。不斷地重複說一些詩句般的故事給孩子聽，是幼兒非常重要的學習方式。（譯註：台灣可選擇一些優美的童謠、囝仔歌，不妨到書店選購。）

第二個階段：表現能力（創造力）的發展期

在沒有任何教育之下，幼兒從六個月左右會開始學習「爬」，這個時期也是幼兒主動性、表現能力開始發展的時期。在這一階段，孩子會發展出獨立性、創造性。

但此時如果在幼兒的環境中缺乏學習因子，這些能力會在尚未發展前，就消失得無影無蹤。如此，不僅喪失了培養良好能力的機會，更可能會產生不良的個性。

例如：當幼兒開始學習爬的時候，如果父母認為爬來爬去很危險，就將孩子限制在某個範圍內，不讓孩子有太多爬的機會。結果不僅會使孩子喪失運動能力，更因為缺乏發揮主動性的機會，會變成一個有氣無力的、做任何事都缺乏意願的孩子。

在孩子開始萌生主動性的這個時期，父母應該讓孩子隨心所欲地自由發揮。例如：讓孩子拚命撕紙或是到處亂畫，雖然看起來似乎會培養出一個任性的孩子，但事實卻完全相反；當給予幼兒充分的自由，孩子會培養出自我判斷的能力。

當然，想要讓孩子自由發揮，必須讓孩子自由擁有各種學習工具（紙、蠟筆、玩具等），否則就無法培養孩子的能力。

在孩子成長過程中，如果一味禁止孩子做任何事，就會使孩子成為一個封閉的孩子，或是尋找他發洩管道而成為一個粗暴的孩子。因此，當孩子學會使用自己的雙手，就應該讓他隨心所欲地撕紙。

在孩子觸手可及的地方掛一些吊掛玩具，讓孩子用手抓弄玩耍，手的運用是創造的第一步。

幼兒從六個月大開始，就可以讓孩子自由翻閱繪本。這個時期的孩子對繪本還沒有的概念，所以，很可能會將繪本撕破。父母不必太擔心，引導孩子即可。

同時，請給孩子看一些畫冊。

也可以給孩子看圖鑑。圖鑑的內容最好能夠配合孩子的玩具。如果孩子有動物玩具，就可以看動物的圖鑑，如果有汽車玩具，就可以看交通工具的圖鑑。

在翻閱圖鑑的過程中，幼兒可以逐漸瞭解玩具和實際物體兩者的差異，對玩具或對書都會產生濃厚的興趣。當孩子的認識變得越來越多，就可以成為創造的力量。

選擇玩具時，應挑選具有可塑性（可以自由組合、破壞）的玩具，或弄壞也沒有關係的玩具。

積木等玩具，需要孩子自己動手組合，得以自由發揮創造能力，這種玩具比無法自己動手的現成玩具更加理想。在選擇玩具時，也要考慮到材質的觸感、色彩以及清潔等問題。

如果孩子不小心倒翻牛奶或水，不妨讓孩子盡情地用手去抹，這樣孩子可以注意到液

在不斷嘗試失敗的過程中，幼兒會逐漸認識事物的形狀。

體形狀變化的有趣之處。

如果孩子想用筆塗鴉，不妨給孩子紙和蠟筆，讓孩子自由創作。在孩子使用蠟筆時，不要一下子給太多顏色，只要先給一、二種顏色即可，然後漸漸增加顏色數量。

從一歲到一歲半期間，應該讓孩子多接觸蠟筆、粉蠟筆、鉛筆、簽字筆、毛筆等各種繪畫工具。

父母可以將玩具放進一個大紙箱中，讓孩子一起到紙箱裡玩玩具，於是，孩子會發揮創意，將紙箱想像成車子或房子。在遊戲過程中，充分發揮自己的想像力。

當孩子一歲半至二歲時，可以讓孩子玩砂子。其實，玩泥巴比玩沙子更理想。孩子自己動手玩泥巴，可以自然地掌握自由造型的基礎方法。

帶孩子外出散步時，可以讓孩子注意周圍的花草、動物、建築物、雲、星星、月亮，以及來往的交通工具等。

在公園裡面，讓孩子玩盪鞦韆、溜滑梯和其他的設施，和其他小朋友共同遊戲。將乾淨的空瓶、空罐給孩子自由地遊戲。孩子會時而打開蓋子，時而蓋起蓋子，將小瓶子放入大罐子中，享受各種自由玩耍的樂趣。

另外，小木片、落葉、小石頭等，這些自然材料都可以成為遊戲的材料。

有時，可以讓孩子拿毛筆、墨汁，或兩三種水彩顏色、水彩筆，在紙上任意塗鴉。

無論孩子畫什麼，父母都絕對不要批評：「怎麼畫得亂七八糟？」或是「不知道在畫些什麼！」不妨問孩子畫的是什麼，記得要稱讚孩子畫得很棒。

在孩子二歲到三歲期間，應該多讀繪本給孩子聽。同一本書，必須重複多次讀給孩子聽。

帶孩子去動物園、水族館，讓孩子見識在日常生活中無法看到的動物、鳥和魚類。

除了兩三種顏色的繪畫工具以外，不妨給孩子尺寸比較大的、品質較佳的紙，或是八開的繪畫紙，讓孩子在紙上任意發揮。孩子可能會將色彩混合，但即使顏色變得一團糟也不必在意。另外，繼續讓孩子自由運用鉛筆、蠟筆等工具。

這個時期，必須和孩子互動，詢問孩子畫了些什麼，並稱讚畫得很棒。剛開始要讓孩子重覆畫同一個題材，例如：房子、人還是車子等，讓孩子「熟能生巧」。

孩子在畫畫時，千萬不要指導畫圖的方法，否則會抹殺孩子自由創造的萌芽，使孩子的畫變得平淡無趣。

之後再逐漸增加孩子繪畫的領域。

至少要讓孩子每星期都有繪畫的機會，絕對不要加以干預指導，讓孩子隨心所欲地發揮。在一兩個月後，孩子的繪畫技巧一定會有所長進。

如果在三歲以前給予適當的繪畫訓練，到了四歲，孩子就可以具備構圖能力，可以畫出幼兒獨特的、富有優秀創造性的作品。

在三歲以前所畫的人物，不是手或腳長在頭上，就是沒有頭髮，完全「不像人樣」。但即使如此，也不要教孩子應該怎麼畫。

幼兒在無數次嘗試失敗的過程中，會發現、認識事物的形狀。

孩子在四歲以後，進步非常快速。在剛滿四歲時，孩子或許只能畫出「頭腳人」，持續畫畫三個月以後，幾乎都能畫出四肢健全的人物。這看起來似乎顯示孩子在四歲後，對繪畫的能力增強，但事實上，這代表孩子在四歲以後的繪畫已經有了概念性，趣味性卻開始降低，無法表現出幼兒所具有的「異想天開」的獨創性。

因此，只有○至三歲期間，才是真正的能力培養時期。在三歲以前，已經學會繪畫的孩子作品，與四歲以後才開始畫畫的孩子作品，有著明顯的差異。

三歲以前開始畫畫的孩子作品，具有獨創性，在無意識的情況下，表現出幼兒的本質。在四歲以後才開始學畫畫的孩子，雖然很快掌握繪畫技巧，但繪畫作品卻顯得平淡無味。

從幼兒時代就開始學畫畫的畢卡索和克雷（Paul Klee，瑞士畫家、版畫家），兩人的作品使人感到強大的吸引力，但在進入青年期和壯年期後才開始繪畫的馬帝斯（Henri Matisse，法國畫家）和高更（Paul Gauguin，法國畫家），的作品就缺少了一種原始吸引力。

第三個階段：思考能力（技術）的發展期

孩子在第三個階段中，思考能力、技術將會出現突飛猛進的發展。如果無法在這個時期訓練、培養這些能力，孩子的思考能力和技術的發展就會停滯不前。

在這裡我們來認識大腦功能，有關新皮質部分的功能。新皮質剛好以耳朵的位置為中心，分為前、後兩部分。後面的部分稱為「後額葉」，是掌握視覺和知覺的部分，可進行情報處理的工作。

在三歲以前，後額葉的發育十分活躍。可發揮表達、反應、想像等能力。

在人類的大腦中，不同的部位具有不同的作用。視覺、聽覺、皮膚感覺、味覺、記憶和意識創造等，分別在不同部位的腦細胞中進行。

例如：後額葉掌管視覺，記憶的保存工作則在「側額葉」進行。重點在於，不要偏重發展某一部分特定的頭腦功能。我們的教育一般偏重智育，只注重後額葉的發展，這些屬於後額葉中的一小部分掌管記憶的腦細胞。

耳朵前方的部分稱為「前額葉」，掌握高階認知功能，發揮思考、創造、意圖和行動等能力。

在幼兒教育中，這個部分的重點在於促進前額葉的發育。這些功能只有人類具備，其他動物沒有。想要去做某件事，有成就時感到喜悅，失敗時感到悲傷等，掌握這些喜悅和悲傷的情緒中樞，也在耳朵前方的前額葉。

人類的大腦額葉區，可分為前額葉和後額葉二大部分，外界的刺激藉由眼睛、鼻子和耳朵等感覺器官，傳達到後額葉，並經過前額葉的作用，以肌肉活動的方式，以行為表達出來。

前額葉掌握人類重要的創造力，以及創造前階段的思考部分。在教育時，卻往往忘記

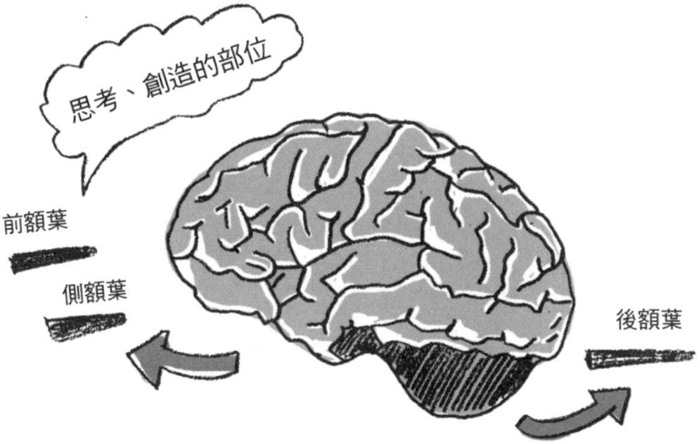

應該盡可能促進前額葉的迴路複雜化。

觀察幼兒的腦部發育狀況，可以發現，在〇至三歲的階段，以後額葉的發育為主。

因此，在這個時期，應該盡可能輸入優良的知識。這個時期的教育可稱為教導、給予知識的教育或記憶教育。

在三歲以後，進入前額葉發育的階段。如果在這個時期進入偏重記憶的教育，無法有效提高智能。

這個時期，必須讓孩子進行思考的訓練，應該讓這個時期的孩子盡可能投入活用頭腦的遊戲。

例如：拼圖遊戲（可以從四片拼圖開始訓練）、堆高遊戲或是玩積木等，都是有助於提高思考能力的玩具。折紙、剪紙可以使手指更靈活，提升技巧。玩拼圖時，可以從四片開始玩，逐漸增加至十片、二十片、四十片和六十片等，階段性地增加拼圖數量，以有效提高能力。

這些練習都需要不斷重複。

必須注意的是，這時期，孩子越動腦筋，就會越聰明。所以，讓孩子開始學鋼琴、拉小提琴等，學習樂器是非常良好的訓練。

這個時期，應該讓孩子多接觸幼兒的智能測驗遊戲。市面上有許多「幼兒智能測驗」教材，不妨多加利用。

有一點要提一下，父母往往誤以為這些教材訓練的目的，在於提高智能測驗成績，這並不是真正的目的，而是在幼兒智能形成的期間，藉由這些教材，幫助幼兒全方位提升智能。

到了六歲以後，這些教材已經無法使孩子的智能獲得提升，因為，六歲時，頭腦的迴路幾乎已經完全發展完畢。

第二章

○至四歲的育兒教育

第4節

○至一歲的培養方法

在成長幅度較大的階段，多跟孩子說話

教育的真正目的，是激發孩子本身具有的素質和才能。

幼兒在出生時，就已經具備了所有的才能，因此，越接近○歲就開始教育，這些素質就越有機會發展，成為天才。

若父母能認識這一點，就會發現，培養聰明的孩子絕不是一件困難的事。

從○歲開始教育，最重要的關鍵在於從幼兒出生開始，就要常常對孩子說話。

幼兒在剛出生時，對這個世界一無所知，因此，必須從誕生的時刻開始學習有關這個世界的一切。

因此，學習的關鍵在於儘早跟幼兒說話。幼兒可以藉由語言瞭解這個世界，獲得心靈

在孩子成長過程中，越早給予豐富的語言環境，孩子的心靈就越能獲得驚人的成長。

成長。

越早給予孩子豐富的語言，可以使幼兒在精神上獲得越大的成長，發展出比其他幼兒更高度、更優秀的資質。

雖然大家對於這一點還沒有充分的認識，其實，幼兒時期的教育，會使幼兒成長的幅度加大。所以，等到幼兒成長的步調減緩，才來實施教育，會來得事倍功半。

從ＩＱ的角度來看，從〇歲、一歲開始實施教育，到了三歲左右，每個孩子的ＩＱ都可以達到一百八十～

二百的高ＩＱ，甚至有不少孩子的ＩＱ達到二百五十～三百。然而，從三歲開始教育時，在六歲左右，ＩＱ也只能達到一百六十～一百八十的程度。

但在傳統觀念中，認為在六歲以前，應該讓孩子盡情玩耍。在幼稚園時代，幾乎都是注重健康、情操教育或是教養。如果不在這個階段進行智性教育，幾乎所有的孩子在六歲左右，平均ＩＱ只有一百，幼兒的智商之所以一直無法突破平均數值，最大的原因就在於過度尊重自然教育。

○至一歲的四個階段

接下來，將討論該如何與孩子實際進行教育。

○至一歲的一年，是變化非常大的一年，每一個孩子都不一樣，因此無法概括而論。我們將之分為以下四個階段——

·第一個階段：出生至三個月

手腳可以活動，但仍無法移動身體。

・第二個階段：四個月至六個月

學會趴的階段，還無法靠手腳支撐起身體的重量。

・第三個階段：七個月至十個月

可以爬行的階段。

・第四個階段：十一個月至十二個月

可以扶著東西走路的階段。

第一個階段：出生至三個月

這個時期，幼兒的吸收能力處於最佳狀態。不妨著重訓練孩子的五感，包括孩子的視覺、聽覺、觸覺、味覺和嗅覺。

視覺

在剛出生不久的幼兒床頭周圍，一定要掛世界名畫，使幼兒處於色彩豐富的環境。可以在櫃子、架子上，放一些色彩明亮的玩具或盆栽等。

一個月大時，可以讓孩子一天看三分鐘黑白格子的圖案，持續一星期。這項訓練可以使幼兒的專注力從五秒增加到六十~九十秒。專注力增加，就可以學習更多內容。專注力是學習能力的基礎。

出生不久的幼兒，喜歡的顏色並非粉紅色或是水藍色，而是對比強烈的黑白色調，孩子們喜歡黑白色的吊飾更勝於五彩繽紛的粉色吊飾。

在九個月以前，幼兒識別顏色的視神經尚未完全成熟，還無法分辨紅、藍、黃等顏色。到了六個月左右，對條紋圖案和格子圖案產生厭倦，不妨改變吊飾片圖案上格子的大小，調整為小一點（六×六公分→二×二公分）。若幼兒表現出對過去所喜歡的圖案不再感興趣，就應該停止一段時間。

從這段時期開始，要在幼兒的床鋪旁貼一些卡片或圖表。例如：可以貼印有紅色、大字體的注音符號或簡單的文字。如果幼兒能夠從出生不久就開始接觸文字，日後看到文字，會表現得比較喜歡學習。

可以將孩子帶到文字圖表，一天唸一個字給孩子聽，重複進行一下子就好，即使簡短也會令孩子興奮得手舞足蹈。

聽覺

讓孩子每天聆聽優美的音樂。每次聽十五分鐘左右，一天聽三十分鐘即可。音量不要太大，可以選擇一些柔美的音樂。但要注意的是，如果讓孩子長時間聽ＣＤ或ＭＰ３，會使孩子習慣機械的聲音，日後可能會對媽媽的聲音毫無反應。

聽音樂時，可以將孩子抱在膝蓋上，配合音樂前後搖動，像在跳舞一樣。或是雙手從孩子背後穿過腋下，將孩子輕輕抱起、放下，這個動作可以配合芭蕾音樂的節奏進行。

重點在於，應該從孩子剛出生開始，就不斷地和孩子說話。無論在餵奶時、換尿布時或是洗澡時，都要不斷溫柔地和孩子說話。

在為幼兒換尿布時，可以輕輕抓住孩子手腳，重覆對孩子說：「這是你的手，手，手……」或是在換尿布時，給孩子玩娃娃或球，並告訴孩子：「這是娃娃，娃娃……」、「這是球，球……」

英國的湯普遜夫人（原籍日本，在聯合國文教基金會工作時，與英國籍的先生結婚）從孩子誕生時，就開始實施教孩子說話的教育法（卡爾．維特教育法）。從孩子出生後兩星期開始，每天帶孩子去公園，讓孩子用手觸摸花、樹葉，並告訴孩子：「這是花，花，花……」湯普遜夫人的孩子八個月時，已經能夠正確地用英語說「花」，後來更是滔滔不絕地開始說話。

這個孩子後來在幼稚園、小學，成績都名列前茅。十歲時，湯普遜夫人請求教育部長讓孩子進入符合孩子能力的年級學習，編入中學後一個月，在學校測驗中，獲得了第一名的優秀成績。

這個孩子在十五歲時，通過劍橋大學醫學系的考試，但由於年齡太小，無法進入劍橋讀書，但倫敦市內其他六個大學都願意接受孩子入學，於是進入倫敦大學醫學系就讀，成績比年長的學生優秀。

我認為，每一個父母都應該像湯普遜夫人一樣，帶孩子外出散步，並讓孩子親手觸摸花，告訴孩子：「這是花，花，花……」。

除此以外，還要誦讀優美的詩句，或是唱歌給孩子聽。

但不要給孩子看電視。在三歲以前，盡可能不要讓孩子接觸電視。

觸覺

幼兒從誕生那一刻開始，就不斷在學習，所見所聞都會進入深層意識中加以記錄，同時，腦部也不斷建立起神經迴路。

幼兒喝母奶是經由觸覺的人生第一次學習。

請觀察幼兒喝母奶的情形。幼兒會先嗅聞母親的乳房，然後將乳頭含在口中，才用力吸，這一系列動作很快速。

剛開始時，幼兒會不小心將鼻子、下巴撞到母親的乳頭，無法成功地捕捉到乳頭，有時還要藉助母親的協助。但幼兒很快就能學會自己調整。

母親在餵奶時，不妨故意將乳頭觸碰幼兒的上唇、下唇、下巴、右臉頰、左臉頰等不同部位，這樣做可以促使幼兒快速地學會空間調整，掌握上下、左右的感覺。

除了用乳頭，還可以用手、紗布或吸管等，以同樣的方式觸碰幼兒的上唇、下唇等。幼兒會逐漸瞭解感觸的不同，不會隨便碰到什麼就吸個不停。

味覺

用乾淨的紗布分別浸在溫水、冷水、糖水、辣味的水和酸味的水中後，讓幼兒吸吸看。

這是對味覺的良性刺激。味道不要過於強烈，稍微有一點即可。

握力

讓孩子的手握住媽媽的手指。

從出生開始，就接受握物訓練的孩子，肌肉發育比較快速。

每個幼兒天生都具有用手握住東西，支撐自己身體的力量，但這種力量會快速消失。為了不讓這種能力消失，從孩子出生開始，可以實施握物訓練。

前面介紹過美國的史托納夫人，她從孩子十五天大開始，就實施握棒訓練，使孩子成長得非常健康、優秀，一個月半就已經學會坐，其孩子孩子通常要到四個月左右才能學會。

當然，在進行握棒訓練時，必須非常小心。否則，幼兒只要稍一鬆手，棒子就可能打傷頭或身體。

嗅覺

讓孩子經常聞花香。幼兒的頭會轉動朝向散發出宜人香氣的地方。幼兒聞各種不同的味道，可以有效促進嗅覺的發育。

第二個階段：四個月至六個月

這個時期，幼兒可以看到距離自己三公尺以內的物體，會有意識地伸手去抓東西。這個時期，盡可能讓幼兒在父母身邊，不要留孩子一個人在床上注視吊飾。可以讓孩子坐在幼兒專用的座椅，不要一直躺著。媽媽在懷孕期間若能經常對腹中的寶寶說話，出生以後，有些幼兒從三個月就會開始發出咿咿呀呀的聲音，一年後，會表現得比其孩子孩子更聰明。

視覺

將幼兒抱到名畫前，告訴孩子名畫的內容。

多帶幼兒外出散步，盡可能使孩子得到更多的印象。在欣賞景色時，不要忘記同時對孩子說話。

也可以將幼兒抱在房間內走動，重覆告訴孩子每件家具的名稱。

或站在注音符號表前，重覆念給孩子聽。有些美國孩子在父母以這種方式教育下，在六個月大時，已經記住了二十六個英文字母。

打開電燈時，可以注意幼兒是否注意看電燈。實施視覺訓練，如果幼兒有視覺障礙，多觀察可以及時發現。

或著可以用小小的手電筒照射遠近，觀察孩子的眼睛是否會追隨燈光移動。

聽覺

帶孩子去公園，讓孩子傾聽大自然的聲音。

搖動波浪鼓，讓孩子聽到輕微的聲音。

記得要同時用語言跟孩子說話。

可以和孩子一起泡澡，優閒地聊聊天。

和孩子「聊天」時，必須注意以下兩點——

(1)聲音必須注意抑揚頓挫，以愉快的聲調與孩子聊天，不要從頭到尾都是低沉的聲音。

(2)可以配合手勢和身體動作，以較誇張的口氣問孩子：「肚子餓了嗎？想尿尿嗎？尿出來了嗎？」……等等。

大人在發問時，聲音自然會充滿抑揚頓挫，是小孩子喜歡的聲音。小孩子會逐漸明白大人的意思，就會開始想要回答問題，於是，幼兒的喉嚨會咕嚕咕嚕發出聲音，這就是親子溝通的第一步。

在說話時，應該對著小孩子的右耳說。三個月大以前，幼兒的右耳比較敏感。在四個月以後，就不必在意左右耳的問題，哪一邊都可以。

說話時，一定要看著幼兒的眼睛說話。最好每次使用相同的開場白，例如：「小寶，是媽媽呀！媽媽最喜歡你了，小寶好聰明哦！」久而久之，就會變成一種暗示，可以培養對孩子說話時，要看著孩子的眼睛，聲音充滿抑揚頓挫，並配合手勢和身體的動作。

孩子的記憶。

在說話時，不要一直滔滔不絕的說，而要有停頓，同時溫柔地看著孩子的眼睛，等待孩子的反應。若孩子發出任何聲音，會立刻加以模仿。

也可以拿起一旁的玩具，並以此為話題。

「你看，是娃娃耶！你看到了吧？媽媽手上拿的是娃娃耶！」

即使幼兒不表現出任何興趣，也要不厭其煩地重複這些動作。

觸覺

促進幼兒手握東西的能力，讓孩子用手握各種不同的東西，例如：真絲、羊毛、棉布、緞布、海綿和紙巾等。

將玩具掛在孩子觸手可及的地方，使孩子一伸手就可以抓到。

一般的孩子在五個月～六個月左右，開始具有伸手拿東西的能力，但提早接受伸手抓東西訓練的孩子，在三個月左右就可以伸手拿東西。

同時，可以培養孩子強烈的學習欲望，使孩子的成長更快速。

還可以將幼兒的手交替放在溫水、冷水中，使孩子的手感受不同的溫度。

運動

讓幼兒趴著，使孩子練習抬頭。

第三個階段：七個月至十個月

打開窗戶，讓孩子看到家裡的盆栽植物隨風搖曳生姿，或是看風鈴在風中搖動。

帶孩子外出，讓孩子看看小朋友在公園中遊戲的樣子，陪孩子走在公園或鄉間小路上，和孩子說話。

外出散步時，最好將孩子抱在手上，不要放在嬰兒車上。母子之間的肢體接觸會使幼兒的情緒安定，才可以培養出一個聰明的孩子。

在孩子身邊放一些會動的玩具。在孩子面前搖波浪鼓，讓孩子的視線追隨你的動作。

聽音樂

讓孩子聽一些旋律柔美的音樂。

聽搖滾樂等大音量、刺激強烈的音樂並不合適。

可以敲打音磚，使孩子感受音階的區別。

注意觀察孩子對陌生的聲音會有何種反應。例如：突然打開收音機等，培養孩子區別各種聲音的能力。

讓孩子聽搖籃曲。

觸覺

讓孩子玩爸爸、媽媽的手指，或將紙放在孩子手上，讓孩子隨意撕破。將東西拿到孩子觸手可及的地方，讓孩子自己伸手抓。在床旁邊裝上玩具，讓孩子可以隨時展現拍、壓、旋轉、拉扯等各種動作。看到孩子在吸手指時，不要立刻阻止。孩子在吸手指，表示已經進入了一個新的發育階段，已經具備自己將東西放入口中的能力。一旦加以阻止，會使孩子喪失自信。

從六個月開始，母子可以一起玩球。或是讓孩子將小盒子收在大盒子中，給盒子蓋上蓋子等等。

運動

讓孩子盡情爬行。將孩子喜歡的玩具放在孩子面前，促使孩子爬過去。或是輕輕推動孩子的腳，促使孩子產生爬的意願。當孩子在爬的時候，應該讓孩子盡情地爬，不要太早將孩子放入學步車。

爬行可以促進肌肉的發育，也是促進運動的最佳方式。因此可以讓孩子做做體操。

聽覺

對這個時期的孩子來說，最重要的是如何促進語言的發展，因此，必須盡可能多和孩子「聊天」。

在八個月左右時，可以開始為幼兒斷奶。斷奶太晚，會造成語言發育遲緩。

第四個階段：十一個月至十二個月

視覺

讓孩子翻閱繪本和圖鑑。

可以將孩子帶到注音符號表前，每天教一個字，每次重複多次讀給孩子聽。

也可以在鏡子前面，和孩子講話。

最好每天都要帶孩子外出散步，充分觀察孩子喜歡的物體，例如：動物、交通工具等。

將玩具藏在箱子底下，讓孩子自己去取出來。或是藏在箱子裡，讓他猜到底放在哪裡。

聽覺

用動物卡片時，可以模仿動物的聲音，讓孩子找出那張動物的卡片。

在看身體卡片時，詢問孩子眼睛在哪裡，耳朵在哪裡，讓孩子用手指出自己的身體部位，用動作表達自己已經理解。

要教孩子「請給我」、「不可以」之類的簡單會話，使孩子能夠瞭解。

這個時期的孩子喜歡敲打東西，因此可以給孩子一根棒子，讓孩子敲打容器或是皮球，讓孩子盡情敲打各種東西。

給孩子新玩具，看孩子有什麼反應。例如：如果孩子對搖動後會發出聲響的玩具（波浪鼓）已經司空見慣，不妨給孩子一個需要擠壓才能發出聲響的玩具。

這個時期的寶寶很喜歡玩「躲貓貓（大人用雙手將自己的臉遮住，然後放開手露出臉來）」的遊戲。不妨重覆和孩子玩。

讓孩子模仿父母發出的聲音。可以從學動物的叫聲開始。

觸覺

拿紙給孩子，讓孩子揉成一團，再給孩子不同的紙。

將紙揉成一團的動作，是一種比揮手、壓、敲打更高階的能力。

讓孩子用手打開小東西。在這個階段，要訓練孩子用大拇指和食指拿東西，而不是用整個手掌去握。這個能力只有人類才具有。

智慧

耐心地教孩子如何玩玩具。在孩子面前給音樂盒上發條。當音樂停下來時，看孩子有什麼反應。

將整個玩具用手帕蓋起來，看孩子會怎麼樣，接著，再次用手帕將玩具蓋起，但要使玩具露出一個角。然後再將玩具藏在盒子中或桌子下方看看。

剛開始時，孩子並沒有能力找出媽媽藏起來的東西，但多玩幾次就會掌握這種能力。不妨多讓孩子玩這種「尋寶」遊戲。

父母可以將球放在手心上，先拿遠一點，讓孩子搆不到，然後逐漸靠近孩子。或是在孩子躺著時，父母可以拿著玩具逐漸靠近孩子的腳。

孩子是否會用腳踢玩具？當父母將玩具拿高，孩子是否伸手想要拿？分別將玩具靠近孩子的左腳和右腳，看孩子的反應。

將幾種不同的東西排列在孩子面前，讓孩子依照媽媽的指示拿東西。

讓孩子模仿媽媽。學媽媽說話、拍手、搓手、握拳、拍打玩具、吐舌頭、摸頭……等等。

讓孩子將積木堆得高高的，一直堆到像媽媽一樣高。將積木放在枕頭下面，看孩子有什麼反應？

將玩具放在桌角，在孩子與玩具之間放一個枕頭，使孩子在用力推倒枕頭時，玩具會從桌子上掉下來，掉到地上。

重複多次，孩子就會巧妙地搬開枕頭。

把玩具藏在不同東西的下面。例如：在孩子面前，先將玩具用碗蓋著，然後立刻拿出來。接著放在餐巾下方，再立刻拿出來。又放在媽媽的圍裙底下，做完三次，才讓孩子找玩具到底放在哪裡。在這個時期，孩子還能記住媽媽第二次將玩具放在哪裡，但第三次放在哪裡，就記不清楚了。

請記錄孩子能夠記住媽媽第二次、第三次將玩具放在哪裡的時間，例如：是在孩子幾個月又幾天大的時候。

運動

讓孩子吊在單槓上。

當孩子學會走路時，在安全狀況下，讓孩子盡情地四處走動。

讓孩子爬高。將球滾到遠處，讓他去撿。讓孩子學習將東西丟到遠處。

文字、語言

這時期，最重要的還是語言的發展。引導孩子按照媽媽的指示做事。例如：握握小手，拍拍頭頂等。這時，孩子已經能夠記住一個字。讓孩子找出熟悉的文字在哪裡，會令孩子感到樂趣無窮。

將孩子當天學會的話寫在卡片上，再拿給他，讓孩子可以簡單地記住文字。日復一日，認得的卡片會越來越多。這並不是要讓孩子讀卡片，而是一起玩遊戲，大人說出某個字，讓孩子找出那張卡片，這樣可以知道孩子是否真正理解卡片的意義。

如果孩子連一個字都無法記住，請不要氣餒。按正常情況，需要半年的時間，才能記憶文字。所以，不要心急，要相信孩子會進步，耐心地觀察。

最重要的是，不要因為懷疑自己對孩子的教育方式是否有效而停止教育。只要每天持續，一旦出現效果，孩子的成長就會很快速。大人應該相信這一點，每天不停止讓孩子持續文字的學習。

第5節

一～二歲的培養方法

發展三種重要能力

在這個時期，孩子將發展出三種重要的能力——

(1)行走的能力

(2)語言

(3)處理事物的簡單技巧

美國哈佛大學的幼兒教育研究所，針對六歲以前的兒童進行調查，從中瞭解到，能力較高的孩子，在出生後一歲至三歲的兩年期間，處於——

(1)刺激豐富的環境，可以自由地活動（感覺與運動）。

(2)大量使用語言的環境（語言）。

這些能力較高孩子們的這兩種環境，與能力較低的孩子不同。同時發現，能力較低的孩子在成長過程中，整天躺在床上，束縛在一定的範圍內，無法充分活動，大人也很少對孩子說話。

擁有優秀能力的孩子，在成長過程中不僅有充足的運動量，也學習到各種簡單的技巧。

相反的，能力低的孩子卻整天「無所事事」。

幼兒天生就具備了從環境中學習的旺盛好奇心。無論是運動能力、語言能力，或是掌握技巧的能力，都是滿足這種好奇心的結果。

因此，父母必須充分滿足幼兒的這種好奇心，才是教育的首要任務。

正如大自然能夠充分促進幼兒天生的各種優秀能力，父母應該為孩子準備一個能夠促進各種能力發展的環境。

但如今實際的狀況卻恰恰相反，雖然幼兒與生俱來的好奇心非常強烈，但父母卻加以限制。

明智的父母應該避免這種愚昧的行為。

幼兒滿一歲以後，首先要注意讓孩子有充分的運動量。

當孩子想從幼兒床爬下來，千萬不要斥責。如果認為孩子的這種舉動是調皮，就會抹殺孩子的好奇心，很可能使孩子產生反抗心，這就是育兒失敗的開始。

因此，應該讓孩子有自由活動的空間，應該尊重孩子的各種行為。

將孩子帶到寬敞的地方，讓孩子四處走走。對已經學會走路的孩子來說，應該盡可能讓孩子多走走。天氣晴朗時，帶孩子去公園盡情地玩耍。

也可以帶孩子走走坡道，走上去再走下來，可以

給孩子攜帶一些不太重的物品，讓孩子學會按大人的指示拿到某個地方。

讓實驗期的幼兒盡情發展

我們將一歲到一歲八個月的孩子稱為「實驗期的幼兒」。這個時期，孩子所做的一切都是實驗。孩子會不斷「測試」，實驗重力、軌道、彈性等物理的法則。

父母必須讓幼兒充分進行探索。

如果幼兒拉扯桌巾，將桌上的杯子打破，請不要罵孩子，幼兒只是在探索。因為想拿到桌子上的杯子，孩子會拉扯桌巾。這樣一來，孩子會瞭解當東西從高處掉下，有些東西會破，有些東西不會破。

即使幼兒打破了昂貴的古董，也不要嚴厲地斥責孩子。孩子並不是蓄意將古董摔破，做的事沒有惡意，這種行為不會扭曲孩子的個性，所以，絕對不能斥責。為了避免孩子「重蹈覆轍」，不妨將昂貴的古董放到其他地方。

有一位母親曾經帶著她一歲半的孩子來找我詢問育兒的問題。在這位母親和我談話時，我把跳棋拿給孩子。有些一歲半的孩子已經很懂得要怎樣玩這種玩具，但這個孩子卻對著玩具露出一臉茫然的樣子。

過了一陣子，這個孩子將玩具棋子一個個丟出去。

這位母親立刻緊張地大聲斥責孩子：「不可以！」

於是，我告訴這位母親：「你不應該對孩子說『不可以』，這個時期的孩子是在實驗期，孩子做任何事都有自己的目的，在你說『不可以』之前，不妨先觀察孩子到底想要做什麼。」

於是，那個孩子將所有棋子都從桌子上丟到地上以後，就從椅子上跳下來，將棋子一個個再從地

孩子進入實驗期，即使有些行為在大人眼中毫無意義，但其實都具有某種目的。

上撿起來，放在桌子上。然後，又重複開始丟棋子到地上。

所以，這個孩子是有自己的目的。或許是重力實驗，也可能是尋找新的遊戲方式，或者是實驗自己的力量，忽而將棋子丟得較遠，忽而將棋子丟得較近。

幼兒會從遊戲中學習，大人應該仔細觀察幼兒的一舉一動。

幼兒丟東西時，大人可以注意觀察幼兒是用左手還是右手，丟東西的姿勢是否改變，力量是否改變。所有這一切，都需要一一仔細觀察。

嘗試可以使幼兒增長智慧，更能充分滿足孩子的好奇心，培養積極主動的個性。

禁止孩子，不如誘導孩子

當孩子在遊戲時，如果對孩子說「不可以」而加以禁止，會有怎樣的結果？

孩子會變得消極，無法培養自信，長大以後，還會有各種問題出現，或是因為無法隨心所欲地做自己想做的事，而產生反抗心，脾氣暴躁。

如果孩子拉扯桌巾而打破杯子，或許下一次還會做同樣的行為，這是因為孩子想要瞭解，每一次的結果是否都相同。

在這種情況下，應該誘導孩子用其他方式來學習，大人可以在孩子面前鋪一塊毛巾，上面放一個孩子喜歡的玩具，觀察孩子會有怎樣的行動。孩子會不會拉那塊毛巾？應該會拉。再將玩具放在很靠近毛巾的地方，但不放在毛巾上，觀察孩子是否會拉毛巾。有的孩子第一次會拉，但不會再拉第二次，這樣就代表孩子正在學習到玩具與毛巾之間的關係。然後，大人可將玩具放在孩子拿不到的地方，再將一根木棒放在孩子可以拿到的地方。觀察孩子是否會使用這個木棒去戳玩具。

如果孩子已經學會走路，可以嘗試以下的實驗。將餅乾放在比孩子身高稍高的地方，再放一個可以當作階梯的垃圾箱（箱口朝上）。觀察孩子是否會將垃圾箱翻過來，踩在上面去拿餅乾。如果孩子真的這麼做，代表孩子的智力已經很發達，懂得思考。

在這個接受大量刺激的時期，千萬不要對孩子說「不可以」，這句話會使孩子喪失應有的發展可能。

只有在孩子做危險動作的時候，或是會造成不良影響時，才能說「不可以」。

與其禁止孩子，不如誘導孩子，輕而易舉地讓孩子停止行為偏差。

玩具可以培養幼兒的技巧

為了培養孩子的技巧，要給予孩子各種不同的玩具，觀察孩子的反應。玩具對一歲幼兒的成長有著極其重要的意義。孩子可以藉由玩玩具得到成長。

但是，必須注意幾件事——

(1)給孩子的玩具，必須使孩子能夠獲益學習。

(2)不要一下子給孩子太多玩具。一下子給太多，會使孩子無法集中於一個玩具，孩子會變得見異思遷、不能專心。

(3)不只給孩子玩具，大人也要參與遊戲。如果只是給孩子玩具，讓孩子自行玩耍，根本無法使孩子學習到什麼。

有大人陪在一旁，可以瞭解孩子對玩具的反應。讓孩子壓、丟、滾、滑、扔玩具。扔玩具時，除了用兩手扔，還可以分別用左手扔、右手扔。給孩子柔軟的東西、硬的東西、

圓的東西、扁平的東西，讓孩子試試看不同的感覺，要讓孩子試試扔羽毛和紙巾。

這時，不要忘記同時進行語言教育。給孩子玩具時，可以說：「請給我。」讓孩子伸出手來拿。當孩子拿東西時，要教孩子說：「謝謝！」媽媽將玩具給孩子，再向孩子要回來。這時，媽媽也不要忘記說「請給我。」和「謝謝！」

讓孩子在洗澡時玩玩水，將球、木片和石頭沉入水中看看，或是試試海綿、塑膠的容器，如此可以滿足孩子的實驗欲。孩子可以成為一個好奇心旺盛的人。

讓孩子在平面玩小汽車，再到斜面玩，和孩子一起試試小汽車在地毯上和地板上滾動的感覺。

下面是各種對孩子有益的遊戲。

可以重疊的杯子和箱子，讓孩子按大小順序疊起來，這樣可以讓孩子學習內、外、底、上、大、小等詞彙。另外，也可以給孩子附蓋子的箱子，或是可以從上面放入、從下方取出的「魔術箱」。

在遊戲的過程中，讓孩子學會「請給我」、「謝謝」。

氣球可以讓孩子學習空氣和浮力，也可以學習顏色，是很好的教材。但氣球弄破時比較危險，所以，在給孩子玩氣球時，大人一定要守在一旁，並且要避免孩子咬、舔氣球。

布偶、填充玩具是培養孩子社會化的好玩具。可以連接、拆開的花片，以及可以讓小孩子整個進去的大紙箱，都是很好的玩具。孩子會將大紙箱當作房子、車子等，盡情地玩耍。

也可以買一個市售的三階左右的木製或塑膠製樓梯，讓孩子上上下下玩耍，但不要讓孩子獨自爬真正的樓梯，一定要守護在旁邊。

尋寶遊戲可以促進智能的發展

在孩子前面把玩具藏起來，讓孩子去找。

尋寶遊戲可以讓孩子瞭解，在看不到的地方可能有東西藏在裡面。

父母可以在兩個杯子中的某一個，把點心藏在裡面，再在兩個杯子上蓋上毛巾，十秒後，取下毛巾，問孩子點心在哪個杯子裡。如果孩子能夠立刻回答，就是孩子智能已經發展的證明。

可以讓孩子學習模仿父母的動作。媽媽自己將眼睛用手遮住，請孩子學媽媽也將自己的眼睛遮住。接著，再遮住鼻子、嘴巴或耳朵。

大人拿鉛筆寫字，讓孩子學著也拿鉛筆寫字。如果孩子會模仿寫字，代表他的智力很高。

盡可能帶孩子外出，接觸一下外界的空氣，這是提升孩子智能的最佳方法。讓孩子看看同齡的小孩，這麼做可以讓少子化家庭也可以和其他小朋友一起玩，有助於培養孩子的社會

化。因此盡可能多帶孩子出外走動。

創造語言豐富的環境

這時期的孩子，對語言的理解能力會有突飛猛進的發展。

由於口腔器官的發育，孩子的發聲控制比較準確，能夠正確分辨音節，可以連續說兩三個單詞。

如果這個時期孩子仍然在使用奶瓶，會影響口腔發音的調節，說話就會比較晚，必須多加注意。在八個月至一歲時，最好開始給孩子斷奶。

此時期的後半段，幼兒的語言模仿能力接近發育完全，滿一歲半時，孩子擁有四、五十個字彙量，滿二歲時，通常可以說三百句話。當然，對母親所說的話，孩子的理解能力快速增加，這些都要歸功於媽媽常常對孩子說話。

當媽媽和孩子在一起時，無論是穿衣服、吃飯、散步等，都要盡可能多和孩子說說話。

例如：在洗澡時，可以告訴孩子眼睛、鼻子、耳朵、手、腳、膝蓋等，盡可能多教孩子身體各部分的名稱，也可以教孩子房間中家具的名稱。

從五、六個月開始，大人就要開始讀繪本給孩子聽，養成這個良好的習慣。

不妨為孩子準備一個專用的書架，將為孩子買的書都排列在書架上，孩子一定會經常拿出自己喜歡的書，央求大人一起讀。大人應該不厭其煩地重覆誦讀給孩子聽。

如果這個時期誦讀大量圖書給孩子聽，可以使孩子成為一個愛書人，孩子的智慧將可以大有長進。在這個時期，孩子聽得越多，兩歲之後，語言也越豐富。

正如第一章所介紹的，以前的人對於幼兒的語言能力存在著極大的誤解，認為即使不教孩子說話，孩子也會自然地學會說話。

但是，就像如今已經沒有人會說拉丁語，只有少數研究者能夠琅琅上口，但在古羅馬時代，連沒有知識的奴隸和平民百姓都能輕鬆說拉丁語，出生在羅馬的兩三歲孩子，張口也是咿咿呀呀的拉丁語，連孩子都能理解別人說的拉丁語。

由於語言的天賦，使人們誤認為語言並非是學習而來的，而是內在的表現。所以，語言不需要老師，是人類能夠自然掌握的自然過程，這是錯誤的。幼兒學會說話並不是因為孩子常聽別人說話，而是自然而然地從環境中學習而來。

一些發展中國家的孩子，只會說簡單的幾句話。但生活在高度文明環境下的孩子，卻懂得正確使用難度很高的句子。所謂高度文明環境，就是指語言豐富的環境。

由此可見，孩子的語言能力是環境造成的。只有將豐富的語言輸入幼兒的頭腦，孩子才可能說出豐富的語言。

一位名為哲姆斯基的學者曾經說：

「孩子學習語言，就像大人學習外語一樣，並非是靠記憶力。孩子會將所聽到的話輸入潛意識，並藉由高度的能力加以分析、整合，充分掌握之後，才會轉換成語言說出口。」

前面曾經談到，幼兒天生具備語言獲得裝置，幼兒可以將潛意識的能力發揮得淋漓盡致，從而掌握高難度的語言，而成人卻幾乎無法發揮這種能力。成人幾乎已經喪失了這種能力，只能運用百分之五。

在幼兒能夠百分之百地發揮這種潛在語言能力的時期，應該盡可能為孩子輸入更多的語言。對孩子說的話越多，越能成為一個頭腦優秀的孩子。

避免自主期的幼兒產生挫折感

一歲八個月至二歲的幼兒稱為自主期幼兒。

在這個時期，幼兒會表現出驚人的思考力。在自主期，幼兒會反抗父母的指示，表現獨立、自動的行為。若能充分培養幼兒的思考力，孩子的自主性會比較強。

這個階段的幼兒還未成熟，有些孩子仍未擺脫尿布，但不要整天讓孩子躺在床上，請多帶孩子去公園外出走走，使孩子能夠成長。這段時期，幼兒會進行各方面的探索，成長十分快速。

幼兒的語言並非天生，
而是從環境學習而來。

此時，幼兒的思考力急速地發展，但情緒和語言的發展則顯得比較慢，因此會有情緒和語言跟不上思考速度的情形出現。

這時期，父母必須為孩子安排一個良好的學習環境，使孩子能夠自由活動。

這個時期的幼兒對於思考、跑步和吃東西的速度控制還很不理想。例如：跑步通常很快，但卻不懂得轉彎。就好像短跑選手，不顧一切地朝著終點跑，但卻無法停下來。

因此，最重要的是，避免讓這個時期的孩子產生挫折感。

幼兒雖然可以思考，但卻無法在現實的世界中實現，於是，幼兒會倍感挫折。

當孩子瞭解到自己的能力有限，容易以否定的態度看待周圍的一切，會認為自己沒有價值，比別人差。

因此，父母不能對幼兒表現出不愉快的表情，或是加以斥責。

與這個時期的幼兒相處，必須要多和孩子一起玩遊戲。

仔細傾聽孩子所說的話，觀察孩子的行動。

從孩子的細微反應中，可以發現孩子的需求。

這個時期，可以給孩子玩玩具，這些玩具可以分為五大類型——

(1)填充玩具

可以讓孩子抱住，摸起來觸感很舒服的填充玩具，可以令孩子產生一種安心感。關了電燈以後，即使媽媽不在身旁，只要抱著填

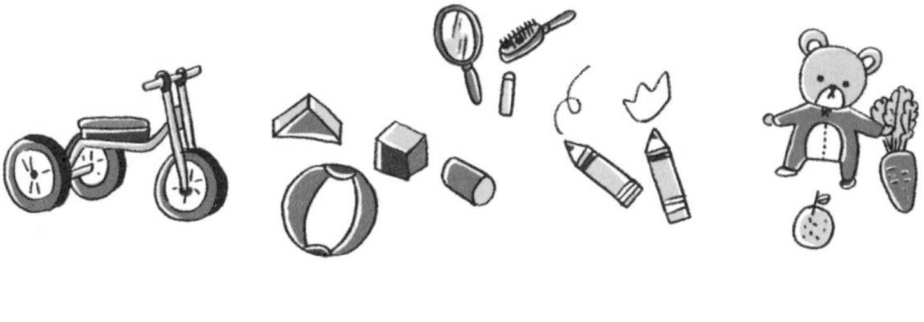

充玩具，心情就可以平靜。

(2) 可以發揮孩子想像力的玩具

布偶、娃娃的家、積木、黏土和簡單的操作型布偶。

(3) 模仿玩具

辦家家酒的道具、小貨車、小汽車，以及城鎮、農場等組合玩具。

(4) 運動玩具

三輪車、盪鞦韆、溜滑梯、彈跳床、球類。

(5) 有助於知性成長的玩具

花片、尺寸大小不同的盒子組合、拼圖、可以分解的車子、放大鏡、磁鐵等。

帶孩子去附近公園的砂坑，給孩子磁鐵和放大鏡，孩子就會有各種新奇的發現。

不要讓孩子聽機械性的聲音

在教育這個時期的孩子時，需要特別注意，不要讓孩子整天聽機械性的聲音。

機械性的聲音，指的是電視、收音機、音響、電腦等機械所發出的呆板聲音。如果孩子每天聽五、六個小時這種聲音，會逐漸適應機械性的聲音，對人類的聲音會失去正確的反應。

這並不是說絕對不能讓孩子聽音樂或故事，只是如果整天讓孩子聽機械放出來的聲音，孩子會成為一個無法與他人溝通的問題兒童。

也就是說，無法順利與他人交談，只會自言自語。

如果不慎培養出這樣的孩子，可以採取適當的方法早期治療，讓孩子停止聽任何機械發出來的聲音，只能聽大人說話，因此大人要盡可能多和孩子說話。若媽媽經常和孩子說話，孩子可以感受到母親的愛，認為自己受到認同，對自己產生自信，孩子就會越來越好。

最重要的是，盡可能多讓孩子說話。因此，必須重覆教導孩子正確的語言。

在教育發育程度低的兒童時，就是用這種方法。大人應該給予孩子豐富的語言環境，努力幫孩子說話，最重要的是，要認同孩子，令孩子產生自信。

大腦和五感有殘障的幼兒，需要比普通孩子花費更多的工夫。如果所費的心思少於普通的幼兒，絕對不可能使這樣的孩子達成普通幼兒的表現。

如果所花費的工夫充足，就可以彌補缺陷，甚至能使孩子的智能超過普通幼兒的水準。

無論是正常的孩子，還是大腦有殘障的孩子，在一歲半以後，都可以開始教孩子認字。即使是大腦有殘障的孩子，也可以很快學會記憶文字。

這個時期，讓孩子記憶文字，可以使孩子的視覺迴路變好，改變大腦的構造，提升大腦的能力，使普通的孩子培養成天才兒童，甚至智障兒也可以成為比平均智力還要高的孩子。

這麼做可以使頭腦的神經迴路連結增加，提高幼兒智力。

記憶文字可以使腦細胞「記憶分子」這種腦內物質增加，如果沒有教育幼兒記憶文字，兩者的大腦有著本質上的差異。

因此，一定要教這個時期的孩子認字。例如：可以在遊戲時帶入繪畫和文字的學習。

可以將狗的圖片與狗的文字搭配，或是讓孩子找出狗的圖片，找出寫有「狗」字的卡片，讓孩子的詞彙量逐漸增加。

然後，再讓孩子學習注音符號，讓孩子認識所有的注音符號，就能夠讀短句，之後再讓孩子讀短文，這樣，孩子才能夠循序漸進，到達高智力水準。

必須瞭解的是，父母一定要每天持續進行訓練。只要能夠重覆多次，每一個孩子都可以成功記憶文字。

父母對孩子有深厚的愛心和耐心，訓練時，必須顧及孩子的感受，否則，就可能導致失敗。

每次訓練的時間不要太長，只需要兩、三分鐘即可，最多不要超過五分鐘。等孩子對文字遊戲產生興趣，就可以逐漸增加時間。最重要的是，不要過度訓練，過度反而會使孩子對文字產生排斥感。

父母可以嘗試改變學習方式，使遊戲方式更富趣味性，孩子一定會產生興趣。避免從頭到尾都使用相同的方式，孩子容易感到厭倦。

第 6 節

二～三歲的培養方法

二歲的孩子處於自主期。這個時期的孩子想要脫離父母控制，什麼事都想要自己做，充滿獨立學習的意願。從二歲幼兒的活動中，就不難察覺到這種意願是多麼強烈。

二歲的幼兒一刻不停，每天的運動量不輸給職業運動選手。即使在吃飯時，也完全停不下來，整天精力旺盛地活動，好像不知道什麼是疲倦一般，直到晚上睡覺，才會安靜下來。這就是二歲的幼兒所具有的活動和學習意願。千萬不要妨礙孩子的這種活力和學習意願，此時，父母應該思考如何協助孩子。

在教育二歲幼兒時，有三個重要的關鍵，如果能夠注意這三個關鍵，就可以將孩子培育得非常優秀。這三個關鍵就是運動、語言和簡單的技巧。

每天出門散步，讓孩子有充分活動的機會

在孩子剛出生不久，只要能夠充分培養孩子的感覺、運動和語言，就可以使孩子的知性獲得充分的發展。

例如：關於運動方面，如果孩子的手、腳的運動能力無法獲得充分的發育，就無法培養孩子的積極性，成為一個消極的、缺乏好奇心、怠惰的孩子。

應該多讓二歲的孩子走路，如果經常將孩子抱在手中、放在嬰兒車裡或是坐在車上，就會使孩子喪失行走的能力。

必須瞭解，每天帶二歲的孩子去散步，是培養聰明孩子的第一步。散步還可以使幼兒體型優美。因此，應該盡可能讓二歲的孩子多走路。

如果父母不讓這個時期的孩子多走路，無論去哪裡都坐車，大幅減少孩子走路的機會，孩子就無法走太多的路，很有可能導致孩子身體發育不完全。

二歲幼兒的精力非常旺盛，充滿了想要活動身體及運動的需求。如果無法滿足孩子這

二歲的幼兒最需要運動。除了每天帶孩子外出散步，
還要讓孩子從事各種不同的運動。

種需求，就無法使孩子順利發育。相反的，如果能夠充分滿足孩子的這種需求，就可以培養孩子高度的運動能力。

平常除了讓孩子在平地行走，另外可以做各種地形的訓練，例如：帶孩子走坡道，讓孩子走獨木橋，上下樓梯，雙腿並攏跳上台階，再跳下台階等等。

媽媽帶孩子去坡道走路，媽媽站在坡道上方，孩子站在坡道下方，媽媽從坡道上方將球滾下，讓孩子接住球。剛開始，孩子或許只能追著球跑，多練習幾次以後，孩子就可以預測到球的滾向，用最短的距離接到球。

每天讓孩子跑一段距離。剛開始可以試著跑三公尺，然後逐漸增加長度到十公尺、十五公尺。從二歲開始就讓孩子學習跑步，到了小學，孩子一定可以成為跑步好手。

二歲半以後，可以讓孩子使用彈跳床學習平衡感，孩子可以在彈跳床上面走路、跳躍、翻筋斗等。

對語言最敏感的時期

前面談到，二歲幼兒內心充滿著想要活動身體的需求，其實，二歲幼兒對語言的需求也很強烈。

二歲幼兒會出現語言的爆炸現象，這種爆炸現象在二歲半左右就會消失。因此，二歲到二歲半的六個月是很重要的時期；這個時期是人類一生對語言最敏感的時期。

這個時期，絕對不要用「童言童語」與幼兒說話，以免導致孩子在語言上出現障礙。

照顧孩子的人因為覺得孩子可愛，說話時故意學孩子口齒不清的樣子，這樣會使孩子學會錯誤的示範，導致日後發音不正確。

有些孩子長大了以後會將「你早」說成「你繳」，「老師」說成「老西」，就是在這個時期出了問題。

所以，應該盡可能以正確的語言與孩子交談。

為孩子洗澡時，可以重複教導孩子身體各部位的名稱，例如：手腕、手肘、手臂，每二歲幼兒是對語言最敏感的時期。
玩語言遊戲時是最快樂的時光。

個細節都別錯過。

你可以與孩子對話：「你要先洗哪裡？」

為孩子換衣服時，可以一邊換，一邊教孩子各種服飾的名稱，例如：藍色牛仔褲、紅色毛線衣、白色裙子等等，記得別忘記教導袖子、領子、褲管、釦子等名稱。

對二歲的孩子來說，語言遊戲是令人愉快的遊戲。

遊戲的方法有很多，可以試試以下的方法。

「在這個房間裡，什麼東西是紅色的？」讓孩子將看到的紅色物體說出來。和孩子玩「哪些東西以『大』開頭？」，讓孩子回答大象、大樓、大卡車、大人等，這種遊戲可以在與孩子買菜時、散步時、坐在車上時或打掃房間時一起玩。這些遊戲可以讓孩子學習到顏色、形狀和大小的概念。

盡可能多為孩子買書、不要讓孩子獨自看書，應該由媽媽讀給孩子聽。只要孩子願意，可以一天讀五本、十本繪本給孩子聽。讀繪本給孩子聽時，可以用精讀和略讀兩種方法，精讀就是一個字一個字朗讀給孩子聽，略讀就是大略介紹書的內容。如果是孩子喜歡的書，可以多念幾次給孩子聽。

如果家庭經濟狀況不允許，可以去圖書館借書，也可以向朋友借閱或交換。

二歲的幼兒很喜歡知道與生活密切相關的事，對事物的因果關係也很有興趣。因果關係聽起來似乎感覺很複雜，其實很單純。例如：孩子去摸熱水而燙到手，就可以告戒孩子：「不能用手去摸熱的東西，否則手會燙傷。」

但有些母親遇到這種情況時，會對孩子說：「熱水真壞，竟然把手手燙到了！」孩子被門夾到手時，有些母親也會說：「這扇門壞壞！」還一邊說，一邊打門。

這種狀況，孩子無法瞭解正確的因果關係，也無法掌握正確的思考方式。

再舉一個例子。

孩子在哭，因為球滾到床底下，拿不出來，所以哭個不停。但母親這時正在忙，就罵孩子：「你到底在哭什麼？不許哭！」如果孩子不聽，甚至一個巴掌打過去，於是孩子哭得更兇了。這種情形常常發生，但這種態度會嚴重傷害孩子，抑制孩子的個性和能力。

這種狀況發生時，媽媽應該耐心詢問孩子為什麼哭，然後，站在孩子的立場問孩子：「是不是球滾到床底下，你拿不到，你希望媽媽幫你拿，是不是？」

這樣一來，孩子就會學習到應該如何正確表現自己的感覺，學習到像媽媽這麼說，可以得到比哭更理想的效果，下次孩子就懂得告訴媽媽：「球滾到床底下去了，請幫我拿。」

盡可能讓二歲的孩子多練習這類具有因果關係的語言，將有助於培養孩子正確的邏輯思考。

二歲的幼兒對語言最敏感。讀繪本給孩子聽很重要，也別忘記帶孩子讀一些詩集、童謠。

詩集、童謠與語言的表達方式不同，更具有趣味性。讀的時候不必為孩子分析詩句，也不必為孩子解釋句子，只要重覆念給孩子聽，孩子自然而然會記憶下來。

有一些廣為流傳的淺顯詩句或童謠，有許多精采的句子，媽媽可以從中選擇喜愛的讀給孩子聽，或是讀經也是不錯的選擇，即使孩子不瞭解其中的意義也無妨，句子裡面節奏感和重複的部分會令孩子感到新奇。

請多為二歲的幼兒重複閱讀相同的故事，在孩子睡覺前也要為孩子閱讀繪本。

在這個時期，要注意讓孩子熟悉文字，對文字產生興趣，讓孩子從二歲開始就記住文字。

其實，孩子從一歲開始就已經可以認字，剛出生的孩子也會認字。有研究人員指出，對幼兒來說，認字比說話較為輕鬆。可能有人會質疑，既然幼兒不會說話，又怎麼能知道孩子能認字？其實，大人可以試著說一個字，讓孩子找出正確的閃卡，這樣就可以瞭解孩子是否識字。如果是幼兒認得的字，就會拿到正確的卡片。

孩子認字，會改變頭腦的構造，成為優秀的頭腦。即使智力受損的孩子，教導他們認字，他們也能記憶。孩子學會認字以後，孩子的臉會看起來更加成熟，連眼睛都會散發出不一樣的光芒。

根據研究報告指出，一般沒有治療方法的小腦症兒童，經過訓練以後，腦部可以以三、四倍的速度成長，使頭部變得像正常一般大小。

智力受損的孩子甚至變得可以順暢地閱讀書本，上小學以後，成績在班上名列前茅。但是如果這樣的孩子到了六歲以後，再教導認字，根本

不可能出現這樣的成果。如果不利用對語言最敏感的時期，很難從根本架構來改變孩子的頭腦。對智力受損的孩子是如此，對正常的孩子也是如此。

為了使孩子能夠熟悉文字、親近文字，不妨將孩子的名字寫在紙上，貼在牆上，重覆唸給孩子聽。

讓孩子注意到在周遭環境中，書背、商品商標上面都有文字，把握各種機會教孩子閱讀。

學過的字出現在報紙和書中時，可以指出來給孩子看，增加孩子對文字的興趣。走在路上，也可以讓孩子注意招牌和廣告上的文字和數字。

到醫院看病，可以從標示牌上找到孩子認識的字。

充分利用生活中各種場合，指出孩子容易觀察到的文字，這是教孩子認字的最佳方法。

滿足孩子想要自己動手做的需求

培養二歲幼兒的三個關鍵：運動、語言和簡單的技巧，其中最後一個關鍵就是幫助孩子發展簡單的技巧。

二歲的幼兒有強烈的需求，想要處理自己的事。當成長至二歲半至三歲半的階段，這種需求會變得更加強烈。

認同孩子的這種需求，並加以協助，是培養優秀孩子的秘訣。

無論是洗手、綁鞋帶、扣釦子等，即使會花費較多的時間，也要讓孩子嘗試自己動手。

一開始，父母必須花費較多的時間教導孩子，

二歲的孩子希望能夠自己動手做，大人不妨加以認同並協助。

但教會以後就可以不必再費心教導。

孩子充滿興趣地學習，成功地完成，可以滿足孩子的需求，對自己的作為充滿自信，於是，孩子就可以得到成長。

相反的，如果孩子習慣凡事都要大人幫忙，就無法成長，成長會變得非常緩慢。如果母親常常幫孩子洗手，容易使孩子缺乏耐心，不想洗手，或是產生反抗行為。盡可能讓二歲幼兒幫忙做家事，擦桌子、收拾、擦碗盤等，讓孩子做一些能力所及的事。

在孩子完成這些工作以後，無論結果如何，請多多加以稱讚，這樣可以使孩子獲得自信，下一次做家事就會做得更努力。

讓孩子多練習，可以使孩子逐漸掌握簡單的技巧。特別要注意的是，在孩子做過之後，大人請不要在孩子面前重做一次，這是不良的育兒示範，因為這麼做很容易傷害孩子的自尊心。

但不懂得育兒方式的媽媽卻常常犯這種錯誤，因此引起孩子的反彈。會打擊孩子想要幫忙的心意，讓孩子再也不想幫忙做家事。

即使孩子只有小小的成功，仍要稱讚，這樣可使孩子充滿意願和自信，使孩子成長。育兒的秘訣就在「稱讚」。相反地，最差勁的育兒方法則是「貶損」。

在孩子二歲期間，養成自己整理的習慣，這時不妨在孩子可以伸手拿到的地方放一個整理架子，讓孩子可以整理自己的玩具。

協助孩子將玩具整理到固定的位置上，例如：把架子分別貼上紅、藍、黃、綠的標籤，在玩具上也貼上不同顏色的標籤，告訴孩子，貼有紅色標籤的玩具要放在貼有紅色標籤的位置。

這樣一來，二歲的孩子就

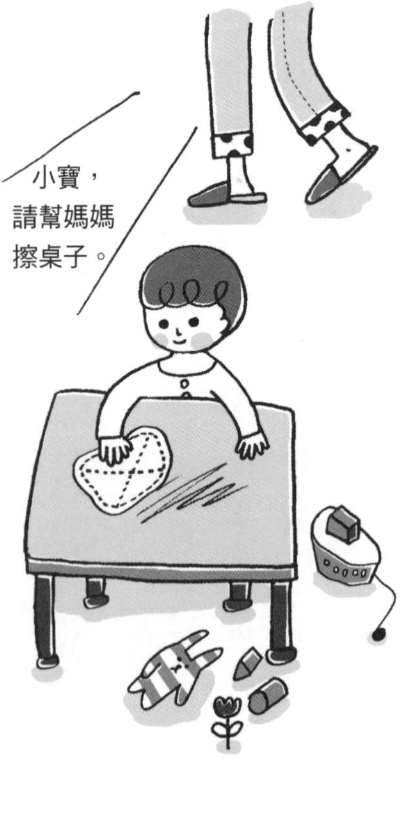

會自己收玩具。整理玩具不應該是母親的工作。

另外，不要讓孩子一次拿太多玩具。養成習慣，先玩一種玩具，再玩另一種玩具，這樣還有一個好處，就是整理工作會比較輕鬆。

要求孩子整理玩具時，不妨進行「媽媽說」的遊戲，例如：「媽媽說，這個球要收到架子上。」、「媽媽說，桌子上的娃娃要拿到這裡。」以遊戲的方式來整理玩具。

當孩子展現想要自己動手做的需求，此時就要教導孩子自己整理，以免日後變得難以管教。

這個時期的孩子可以學會如何使用自己的手。若孩子懂得運用自己的手，能力還可以更加提升。

孩子滿二歲，就可以讓孩子練習拿筷子。

讓孩子玩黏土，但並不是把黏土交給孩子就讓他一個人「瞎玩」，而是要讓孩子練習塑形，運用手指把黏土的形狀加以變化。例如：媽媽可以拿家裡的水果引導孩子觀察，然後孩子試著捏出蘋果、香蕉等形狀，但是請記住，大人不要去修正孩子的作品。細微的觀察可以使孩子發揮手指的靈活度。

玩積木也很是一項很適合二歲幼兒的活動。將積木疊得高高的，或是疊成一道牆，或是模仿媽媽的作品，或是讓孩子自由創作，讓孩子嘗試各種不同的玩法。媽媽可以和孩子較量，看誰的積木堆得比較高。

好的玩具可以培養孩子的手部技巧和思考能力，組合房子、貨車、拼圖等，許多玩具都可以達成這種目的。

有些必須裝電池才會動的玩具，會重複固定的機械模式，這種玩具雖然可以引起孩子短暫的興趣，但對於孩子技巧和思考的培養，並沒有什麼助益。因此，與其花大錢購

買昂貴的玩具，不如給孩子一些紅豆、黑豆、黃豆、綠豆等，將這些豆子混在盤子裡，讓孩子練習將各種豆子揀出來，分別放到不同的杯子裡。

世界上的生物之中，只有人類具有使用大拇指和食指拿東西的能力，因此，在孩子最敏感的二歲時期，請多加訓練這種能力。

讓孩子用大拇指和食指拿起豆子，再分別放入不同的杯子，將豆子分類。同樣地，也可以準備一些小物品，例如：不同顏色的迴紋針，不同種類的穀物，混在一起，讓孩子以遊戲方式練習挑揀動作。

順利度過第一次反抗期

在父母的眼中，二歲的幼兒令人又愛又恨。

在滿二歲的孩子身上可以見識到這種「可怕」，大約會持續四到六個月，這就是所謂的第一次反抗期。

二歲的幼兒希望「擺脫」父母，靠自己的力量處理事情，進入獨立期，孩子凡事都希望能自己動手解決。

大人說「不可以」的時候，這個時期的孩子往往會表現出強烈的反彈。當孩子無法如願，就會歇斯底里地大哭大鬧、發脾氣，滾在地上嚎啕大哭。這種表現是孩子想要自己動手，卻無法如願，是需求不滿的表現。

為了幫助孩子克服這種狀態，必須給孩子一些比較簡單、有趣的教材，孩子就會逐漸產生自信，認為「我也做得到」。此時可以順帶加強說話的訓練。如果孩子表達語言的方式具有高度技巧，能夠運用豐富語言表達感情，這樣的孩子就不會任性、調皮。因為這樣的孩子知道可以表達自己，可以將自己的想法傳達給別人，所以不容易有需求不滿的現象發生。

孩子在哭的時候，大人不妨設身處地為孩子設想，並以正確的語言告訴孩子應該怎樣表達心情。如果只是一味斥責孩子，是無法協助孩子度過「可怕的二歲」的。

當孩子能夠表達自己想要什麼，在想什麼，每天的生活就變得十分愉快。然而，語言能力不發達的孩子卻無法做到這一點。

父母雖然應該努力瞭解孩子在想什麼，但不要搶先將孩子要說的話說出來。

對，是蘋果，你想吃嗎？媽媽買給你吃。
啊！
APPLE $10

雖然說大人要努力瞭解孩子的想法，但凡事不能過度，不要搶先為孩子說話，這樣等於是在剝奪孩子表達的權利，造成孩子無法充分表達自我的想法，結果導致孩子成為一個寡言、需求不滿的人。傾聽孩子的心聲很重要。

當孩子具備語言能力時，就可以聽得懂大人所說的話，不必採取斥責的方式，父母可以告訴孩子規則，成為一個懂事的孩子。

當孩子在做事的時候，不要插手，靜靜地在一旁觀察。孩子產生自信，就可以健康成長。

如果能夠在這個時期培養孩子高度的語言能力和處事技巧，可以避免孩子成為「可怕的二歲兒童」，順利地渡過反抗期。

不要一味對孩子說「不可以」，否則會抑制孩子的學習意願。而是要在一旁觀察孩子的所作所為，讓孩子對自己產生自信。父母適時加以稱讚，可以進一步激發孩子的學習意願。

二歲兒童具有天才記憶力

二歲的幼兒處於天才期，日本電視節目「兒童天才日本第一」，裡面有許多天才兒童曾令許多人跌破眼鏡，但事實上，大部分孩子都具備同樣驚人的能力。

如果不瞭解這一點，就會喪失這種優異的能力。

幼兒在二歲至三歲期間，會快速成長。由於這個時期所學到的東西，將會反應在日後的學習態度上，因此絕對不能馬虎。

二歲的兒童處於建立基礎能力的階段，如果能夠在這個時期打好基礎，就可以培養出優秀的孩子，如果不加以訓練，就無法掌握優秀的能力。

二歲的幼兒具有天才的記憶力。在孩子二歲時，進行記憶的訓練，就可以使孩子一輩子都具有優秀的記憶力。如果不在這個時期進行記憶訓練，有的孩子甚至到了小學六年級，還無法記憶九九乘法表。

所以，二歲的幼兒應該接受嚴格的記憶訓練。

可以讓孩子練習看世界各國的國旗、汽車的車種、車站名稱等等。雖然這些看似小事，但實際上卻大有功效。

有的母親會從小就讓孩子背《三字經》，結果孩子長大以後表現都非常優秀。有的母親甚至會幼兒學習《論語》。

這個時期讓孩子記憶，並不是一種填鴨式教育，而是把握記憶力最佳的時期，多加練習，不僅可以增加記憶力，吸收的知識也將一輩子留在潛意識裡，日後，將成為高度潛在能力和高度思考能力的基礎。

父母可以在二歲的幼兒面前放十個盒子，然後將一個東西放進其中一個盒子，讓孩子猜東西放在哪個盒子裡。一開始，孩子大多不容易猜出來，所以先從一個東西試起。

或是在桌子上放十樣東西，讓孩子觀察一分鐘，然後，父母藏起其中的一個，讓孩子猜少了哪樣東西。記憶訓練可以這種遊戲的方式進行。

同時別忘記加強孩子的觀察力，可以問孩子：「我們剛才去的那家店裡有些什麼東西？」讓孩子盡可能去回憶剛才在店裡看見的物品，或著可以和媽媽比賽誰記得的比較多。

帶孩子去公園可以觀察地上的螞蟻，收集不同的樹葉，觀察樹葉。帶孩子去寵物店，可以讓孩子觀察寵物。回家以後，可以讓孩子談談所看到的一切。

帶孩子去動物園、水族館、遊樂園、農場、消防隊等各種不同的場所，讓孩子將所看到的一切說出來。讓孩子搭火車、坐公車，帶孩子去海邊，去果園，盡可能讓孩子有各種豐富的體驗。

「孩子還小，才二歲，什麼都不懂，所以等到有記憶力，大概六歲，我再帶孩子出去走走。」如果抱持這種想法，等於是直接扼殺了孩子的成長力。

孩子到了六歲左右，基本能力已經成形，即使以後增加再多的體驗，也無法轉換成基礎能力。相反的，如果能在早期加以訓練，可以對孩子的深層意識產生作用，促進孩子的能力發展將是事半功倍的。

二歲的幼兒很適合學習外語。

在這段時期，孩子對發音的記憶特別強。

成人聽外語，已經不容易分辨語調和音節，因此成年以後想要掌握一門新的語言，並不是一件簡單的事。這是因為成人對語調和音節的接收有一種障礙，無法清晰分辨，更不要說掌握了。

但是，二歲的幼兒卻是語言的天才。孩子在三歲以前，能夠識別細微的發音差異，也能夠組織複雜的語言體系。孩子這些天生的潛在能力，能夠以生理優勢掌握語言。因此，可以在孩子兩三歲時，讓孩子多聽世界各地的童謠，習慣各種語言裡面微妙的差異。在這段時期如果沒有聽過一些聲音，日後很難正確掌握。

在孩子遊戲時，不妨為孩子放一些背景音樂，例如：世界童謠等。

最重要的是，這些訓練和學習必須每天持續進行，即使只有短短的時間也無妨。如果只在想到的時候才訓練，是無法達到預期的效果。

耐心多重複教導孩子，越能充分提升孩子的能力。

父母的教育，必須根據孩子的反應循序漸進。如果孩子對訓練和學習產生排斥，就要改變方式，嘗試激發孩子的興趣。

所有的訓練、學習，都應該以遊戲的方式，使孩子愉快地接受，這是提升學習效果的一大秘訣。

第 7 節

三～四歲的培養方法

三歲開始訓練孩子的思考能力

三歲以後，腦的前額葉會有顯著的發育成長。前額葉是掌管思考的部分，三歲以後，思考能力會有快速的進步。

在三歲以前，教育孩子只需以教導和記憶為主，但在三歲以後，必須將教育的重點放在思考。三歲的兒童玩越多的思考遊戲，思考能力越強，智商就會越高。

因此，在這個時期，玩具不應該只是重複機械動作或電池動作，必須能夠鍛鍊孩子的思考能力。在這個時期，玩具必須挑選讓孩子能夠思考、創造、組合。

例如：七巧板就是十分理想的玩具。我的孩子從早到晚都在玩這種七巧板，組合成各種不同的圖案，一點都不厭煩。雖然七巧板是否底能夠發揮什麼作用，我並不很清楚，但

手指的靈巧度與智力成正比。三歲幼兒可以開始學習使用筷子。

我的孩子後來成為一個能夠高度集中，喜歡思考，擅長數學的人。

引導孩子利用七巧板製作交通工具、鳥或昆蟲等，將可以成為一種更加理想的遊戲方式。

在這個時期，應該盡可能培養孩子各種運用手指的技巧。

例如：讓孩子學習用剪刀、貼黏膠、折紙等遊戲，或是讓孩子學習扣鈕釦、繫鞋帶。經常做這些動作，可以培養手指的靈巧度。

一般認為，手指的靈巧度與智能成正比。相反的，如果不充分運用手指，孩子很可能變得事事需要他人協助。在這個時期，應該教孩子學習拿筷子，也要讓孩子自己穿脫衣服。

三歲幼兒是肌肉技巧的發育期，可以讓孩子學習騎三輪車、吊單槓、畫畫、彈鋼琴、打算盤等等。

幫助孩子建立百分之五十的獨立心

三歲是獨立的年齡。由於自我思考能力的發展，孩子不再像以前那樣黏著媽媽不放，開始有自己的思想，逐漸走向獨立之路。

但這只是百分之五十的獨立，雖然孩子會暫時離開媽媽身邊，但還是會不斷回到媽媽的身邊，不斷重複這樣的過程。

這百分之五十的獨立非常重要。身為父母，應該努力協助孩子建立這百分之五十的獨立心。

三歲的幼兒無論做什麼事都希望自己動手，不想要媽媽幫忙，會努力想要表達自己的意見，按自己的意願做事，因此容易使父母認為孩子怎麼突然變得不聽話，開始反抗。

以前一般認為，三歲是繼「可怕的二歲幼兒」之後的另一個反抗期，其實，我們不能視之為反抗，而是孩子開始獨立，認識、發展自我，應該將之視為一種積極的行為。正因為孩子發展了自我主張，以後才能獨立。

三歲幼兒可以不必時時與父母在一起，此時要多給孩子學習獨立的機會。父母應該對孩子自我主張和獨立行為的發展感到高興，積極地加以協助。

這個時期，要讓孩子充分感受到母愛，如果孩子相信，即使自己離開母親，母親還是深愛著自己，孩子才能夠放心脫離父母的約束。

這個時期不要只放任孩子一個人玩，盡可能多陪孩子。與父母建立起足夠的遊戲經驗之後，才能與其他小孩一起玩，這是社會化的基礎建立期。

孩子的社會化應該要先在親子之間建立起來。

在建立基礎後，帶孩子走出戶外時，可以進而增加與其他人相處的經驗。

對三歲的幼兒來說，不可能有太多的戶外經驗，因此父母要盡可能讓孩子有不同的體驗。

例如：帶孩子去動物園、水族館，帶孩子去海邊、河川、高山和原野，帶孩子去車站、百貨公司、菜市場，麵包店、書局、圖書館……等各種不同的場所。

但帶孩子去這些地方還不夠，無法發揮充分的教育效果。

父母還要注意，幫助孩子從各種體驗中，學習正確的概念，培養孩子能夠獨立思考的能力。

在體驗的同時，應該讓孩子學習豐富的語言，分析事物的能力，和綜合、歸納的能力。

為了達成這一點，最好的方式就是讓孩子報告自己所體驗的事物。

如果孩子真正瞭解事物，就能夠將所體驗的事物用抽象的語言加以表達，或是透過語言想像實體，或將實體用語言表達。

因此，父母要在各種生活體驗中，培養孩子的思考力，以這種思考力為基礎，提高孩子的概念和認識。

談話和閱讀，滿足孩子的語言需求

三歲的幼兒對語言有著一種難以滿足的渴求，繼二歲之後，這是另一個語言能力呈現爆炸性成長的階段，是人類一生之中語言記憶能力最強的時期，因此，父母應該在此時盡可能給予孩子豐富的語言環境。

此時期該如何培養幼兒的語言能力？首先，父母應該在日常生活中多與孩子說話。與孩子說話要使用成人的語言，說話要有條理，這樣孩子的思考才會有邏輯。

例如：不能只對孩子說：「不要吵！」而是必須告訴孩子：「不要吵，我正在打電話。」孩子就可以瞭解不能大聲說話的原因。「帶把傘吧！天氣預報說今天要下雨……」即使對孩子說話，也要採取這種合情合理的說話方式。

這種說話方式，孩子會在不知不覺中聽到難度較高的話，未來會在適當的場所運用出來，往往令大人驚訝不已。

因此，若家長能夠注意隨時用正確、豐富的語言對孩子說話，孩子的語言能力進步會非常神速。相反的，如果家長很少和孩子說話，會使孩子變成一個不愛說話、智能發育遲緩的孩子。

除了要常常和孩子說話，還要盡可能多朗讀繪本給孩子聽。小孩子天生喜歡聽大人說故事，甚至一天可以讀五本、十本。

在孩子三歲時，就應該帶孩子去圖書館借書，讓孩子自己挑選喜歡的書借回家，養成借閱的習慣。

大量閱讀書籍可以使孩子語言能力變得豐富，因此為了提高孩子的語言能力，朗讀繪本給孩子聽無疑是最佳方法。

請務必注意培養孩子對文字的興趣，使孩子產生想要看書的欲望。三歲幼兒正處於對文字的成熟期，會特別對文字感興趣，不妨利用這一點。

有些孩子對文字產生強烈的興趣，即使沒有刻意教孩子，也會主動一個字一個字問媽媽：「這個字怎麼讀？」這樣在不知不覺間可以記住很多字彙。

現代社會三歲就能獨力閱讀書報的兒童並不少。

被譽為德國早期教育之父，德國慕尼黑大學的福祿貝爾教授，以心理學的實證資料為基礎，主張「幼兒自兩三歲開始就可以學習讀書，事實上幼兒應當自兩三歲就開始學習讀書」。

福祿貝爾教授對於數學的學習也有同樣的見解，他認為，學習的適當時期並非五、六歲起，兩三歲就是學習的適當時期，如果不充分掌握這段時間，只是讓孩子遊戲玩耍，對孩子能力的發展不會有正面影響。

和孩子說話的時候，要用大人說話的口氣，請使用正確、合乎邏輯的語言。

如果不在兩三歲這段期間培養孩子對文字產生興趣，等到五、六歲，孩子對文字就不會有太大的興趣，記憶文字的能力也會降低。這時期才開始學習文字，比起兩三歲時期，進步沒那麼明顯。

如果從幼兒出生半年就開始朗讀繪本給孩子聽，讓孩子養成每天和父母一起看繪本的習慣，到了五歲左右，就會對語言文字形成極大的興趣。

在這個階段，希望家長母親能夠引導孩子：「這本書裡的故事好有趣，但我現在很忙，沒時間讀給你聽，如果你看得懂字就可以自己念，不必等媽媽，那樣不是很棒嗎？」這樣孩子便會想要學習認字；這種方法可以自然激發幼兒對文字的興趣，是最理想的方法。當孩子開始認字，家長會發現，孩子很快就能記住所有注音符號。

幼兒獲得閱讀、書寫文字的能力，思考就會進入較高層次，有助於開拓更寬廣的世界。

因此，家長可以從親子共讀開始，培養幼兒的閱讀能力。

美國教育專家強生．歐康納（Johnson O' Connor）博士說：「語言能力與社會地位高低成正比，與家庭收入成正比，與學校成績成正比。」因此，培養孩子讀書的能力，等於賦予孩子最大的財產。

從孩子三歲起，可以輕鬆培養孩子的讀書習慣；等到六歲以後才開始教育，讀書的習慣會比較難以養成。

三歲的孩子會喜歡哪些繪本？

一般通常認為，孩子對童話故事最有興趣。其實，更精確來說，孩子對與自己生活相關的故事最有興趣，因此不妨為孩子買一些以孩子身邊常見事物為主題的繪本。

帶孩子去圖書館，讓孩子自己挑選書

媽媽，這個字怎麼讀？
嗯，這個……
糟糕！我把八卦雜誌放在那裡……

籍的時候，如果家長不介入，孩子自然會挑選這種類型的書籍。

三歲的語言表達能力還待成長

有些家長會發現，二歲半至四歲半的幼兒突然開始口吃，對於這種現象，其實家長不必太在意。

有學者研究指出，這種情形是語言中樞要在腦半球一側固定時，會發生的自然現象。等到語言中樞固定下來，口吃現象就會自然恢復正常。因此，不需要對孩子的口吃反應過於緊張，一一糾正反而會加重孩子的壓力，可能會造成口吃現象惡化。

請家長不妨以平常心看待幼兒的短期口吃現象。

幼兒學習外語的時機

三歲至六歲，是人的一生中語言記憶能力最強的時期，所以，這個時期開始學習外語最為理想。

發展心理學權威史坦柏格（Robert Jeffrey Sternberg）曾對於孩子學習外語的時機，發表過以下的見解：

「這個時期學習外語，優點在於此時期是學習母語的時期，因此，兩者同時進行，可以讓孩子以學習母語的方式來學習外語。」

另外，雙語學習教育專家里奧帕德（Wenner Leopold）認為：

「十歲以後開始學習外語並非不可能，但想要獲得良好的效果卻不容易，因為，這是違反生理的行為。」

在三歲至六歲的語言成熟期，此時讓孩子學習外語是遵循自然的規則，但如果錯過這個時期，再來學習外語，依據腦生理學理論，會比較困難。

孩子在這個時期多聽外語，在生理發展中可以正確記憶發音與文法，深深留在潛意識裡，即使後來有一段時間不再學習外語，一旦日後重新再接觸，很快就可以正確發音。相信在每個人的身邊，都或多或少有類似的例子。

日前，我在火車上與一位婦人交談，婦人告訴我：

「我念高中的時候，有一位同學的英語發音好得令人難以置信，她的成績總是名列前茅。後來我才知道，她在三歲到五歲期間，曾經和父母一起在美國住過。

另外，我孩子班上有一位韓國籍學生，他的日文說得和日本人沒有兩樣，但我去他家拜訪的時候，發現對方媽媽的日語卻根本無法溝通，發音很差。雖然同學媽媽住在日本的時間很久，甚至比她小孩還要久，但可能是因為成年以後才開始學日語，所以學的不好。」

從這些事情，更令我確信從幼兒期間始學習外語的重要性。

過度玩耍對幼兒成長有害無益

有些人認為孩子還那麼小，就要學認字、數學、英語，未免太可憐了，應該讓孩子盡情玩耍。事實上，如果讓孩子一味玩耍，排擠對孩子有益的學習，對處於成長期孩童的頭腦，反而是有害無益。

我再三強調過，幼兒頭腦的成長速度快得令人難以想像，在三歲以前，頭腦發育已經完成百分之六十，六歲時已經完成百分八十。

在六歲以後開始學習，成效不大，由於頭腦已經發育八成，頭腦的迴路一旦建立無法重來，硬體品質是無法提升的。

因此，在兩三歲頭腦不斷成長的時期，就是學習的黃金時期。在這個時期多多學習，孩子的頭腦會建立優秀的迴路，提高神經細胞的連結。因此，只要父母多一點點努力，就可以有效提升幼兒頭腦的素質。

兩三歲時期的學習，並非單純吸收知識，而是將腦部神經細胞的連結由單純變得複

成長過程中，除了遊戲，要注意發展各種能力。

雜，將有利於日後的學習。

當頭腦迴路已經完成百分之八十，代表這百分之八十已經「無法重來」，即使日後再怎樣進行嚴格的訓練，也無法將硬體改變成天才的頭腦。

因此，父母應該要有認識，〇歲才是教育的關鍵時期。在三歲以前，只要教育得當，孩子的頭腦可以發展具有天才的素質，三至六歲則僅次於三歲以前，但仍可以藉由適當的教育，提升頭腦的素質。

如果在三至六歲這段時期教孩子象棋或圍棋，日後，孩子的下棋能力將可以比大人更勝一籌。

教育的首要工作就是為孩子準備一個良好的環境，使孩子天賦的各種能力，如記憶力、思考力、運動力、繪畫能力等得以充分發揮。

但一般父母所做的事卻恰恰相反，雖然小孩的內在學習力非常旺盛，但大人卻無視於孩子的需求，甚至壓抑孩子的發展。由於家長將這個學習的黃金時期，誤以為是遊戲的黃金時期，只會讓孩子一味玩耍，卻不教任何東西，讓孩子在空虛無聊中度過，結果埋沒了孩子應有的才能，就像一粒種子想要發芽成長，卻得不到養分，最後長得歪七扭八；孩子空有天賦，卻無法得到適當的發展機會，這是非常可惜的。

我還曾經聽說過這樣的論調——「兩三歲的孩子即使教得再多，也無濟於事，等到上小學還不是和一般孩子沒兩樣？就算小時了了，大了也未必佳。」

這是事實。

幼兒的頭腦適用於才能遞減法則，由此這種論調的確具有真實性。

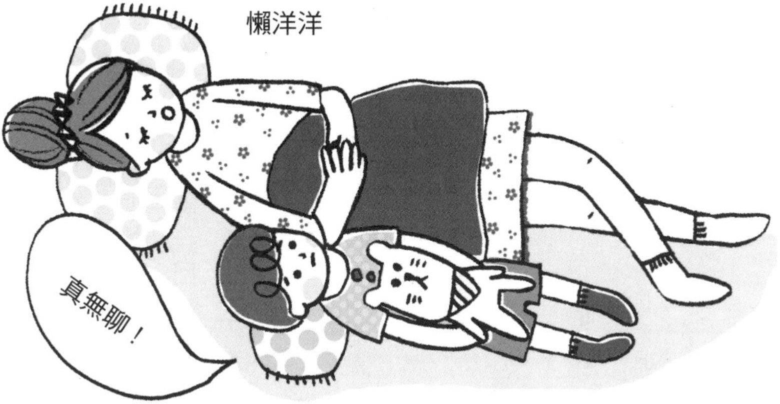

但是，這樣的真實性，是因為在無法持續對孩子進行教育的情況下才會發生。

每天花費二三十分鐘對孩子進行適當的教育，堅持做下去，最後一定可以培養孩子高度的素質。

我在前面談二歲幼兒教育的部分，曾談到過這一點，三歲的孩子仍然處於獨立期，所以請盡可能讓孩子多多幫忙做家事。

例如：買菜時，可以請孩子幫忙拿東西，或請孩子幫忙找要買的東西在哪裡。

孩子幫忙的時候，要及時讚美孩子。孩子會因為受到認同，發展出獨立的人格，孩子的成人意識就會跟著逐漸發展。

三歲幼兒需要社會學習。

相反的，如果完全不讓孩子幫任何忙，一直把孩子當小寶寶，整天被大人斥責，這樣的孩子是最不幸的。

受到父母認同，知道自己可以對別人有所貢獻，這樣的意識在進入孩子的深層意識之後，能使孩子得到自我認同。

如果無法得到父母認同，整天被父母數落，人生只有失敗的經驗，這樣當然無法讓孩子充分發展自我。

父母必須理解，為了使孩子能夠茁壯成長，必須充分認同和讚美。如果父母無法意識到這一點，孩子的情緒容易起伏，經常焦慮不安，甚至個性異常，成為問題兒童。

培養興趣，提升專注力和智力

請家長注意，每個孩子都有不同的特長。

在幼兒教育中，因材施教非常重要。

從孩子出生開始，便具有不同的個性，自然也會有不同的發展。

有的孩子從兩三歲開始喜歡汽車，也有的孩子對花很感興趣。當孩子對某件事物產生強烈興趣時，大部分父母並不認為這是一件好事，反而會擔心孩子太早出現興趣偏好，所以往往會努力阻止孩子的興趣發展。

當孩子出現這種傾向，父母應該為孩子感到高興，協助孩子發展興趣。因為，孩子能夠集中於某個興趣，會產生兩點好處。

第一個好處是，可以培養孩子高度的專注力。第二，當孩子專心投入某件事，會開始思考與興趣相關的事物，思考會比較深入，有助於促進智能的提升。

專注集中是一種優良的思考活動。

多多思考，孩子的思考能力會提升。即使孩子的興趣目標轉移，思考力也有助發揮作用。如果在專注力和思考力尚未深入的階段，就分散孩子的興趣，這樣做對孩子的成長有害無益。

日本以精英教育而出名的伏見猛彌先生，他的孩子在二歲左右開始，對火車和汽車產生莫大的興趣。於是，伏見先生一有機會，就會為孩子買各種與交通工具相關的東西，幫助孩子培養興趣。

後來伏見先生的孩子長大一點，發展出很高的專注力，觀察力也十分敏銳，在三歲時，就已經掌握小學五年級的立體繪圖法，畫出似乎可以從紙上一躍而出的「活動」汽車。

伏見先生的孩子也學會了小學四年級的剖面圖畫法，在五歲時，孩子自己畫出剖面圖，還用硬紙板自行組合製作出不同的車子。

由於學會追根究柢的態度，伏見先生的孩子在小學二年級時，對蝴蝶的採集產生了興趣，甚至還首度報告了日本出現爪哇蝴蝶。

因此，父母應該瞭解孩子的興趣愛好，並加以認同、稱讚，這樣可以促進孩子的成長。但在現實生活中，有太多的父母認為孩子的興趣隨時在變化，所以，絲毫沒有想要進一步幫助孩子發展興趣，反而抑制孩子的興趣。

第 8 節

四歲以後的培養方法

幼兒的腦細胞受到外界刺激而成長，分為不同的階段。

腦細胞受到的刺激越多，細胞發育便越複雜。腦細胞分化為神經細胞（神經元）和神經膠質兩種細胞。一般認為，在腦細胞分化後，神經細胞的數量不會再增加。也就是說，在腦細胞停止成長後，無論給予再多良性的刺激，神經細胞也無法再增加，此時孩子頭腦的素質已經定型。

未來的社會需要富有創造力的人。教育目的不再是傳授知識，而是需要培養出富有創造力的孩子。

身為父母或是教育工作者，想要培養出符合時代需求的人才，必須去瞭解幼兒頭腦的構造和發育，瞭解如何正確培養的教育方式。如果方法錯誤，就無法培養出社會所需要的人才，結果是不能重來的。

以傳統的教育方法，是無法培養優秀孩子的。正如諾貝爾獎得獎人，芝加哥大學喬治・W・彼特爾博士所說的：

「目前的教育體制只會錯失培養孩子的時機，這種體制浪費了人一生中最富感性、彈性的時期。如今人們過於忽略孩子的學習能力，卻絲毫沒有人注意到這一點，這種情況必須立刻加以糾正。」

四歲有豐富的創造力

繪圖作家 Kako Satoshi 先生在《受孩子歡迎的各種遊戲》一書中，曾如此寫道：

以前，幾乎所有的教育著作和育兒書，都寫著「玩耍是小孩子全部的生活」或是「孩子是遊戲的天才」等文字，但現在的小孩子都不再玩耍。不僅小孩沒有玩耍的空間與時間，連玩伴都找不到。缺乏這些玩耍的基本條件，孩子們只能發呆地度過每天的生活，漸漸不再有玩耍的意願和意志，無法感受到玩耍的魅力。不能玩、無法玩、不想玩的孩子，不會主動自發行動，也不會靠自己的力量專注作某件事，更無法自主思考、判斷，所以，導致在上學時，成績和成果都不盡理想。

教育的目的不可以只是為了培養知性、聰明的孩子，孩子在學校成績第一名，每科都考一百分，並沒有什麼偉大。重要的是，孩子必須具有自己的特色，這樣才能對社會做出貢獻。

父母沒有必要為孩子在學校成績的高低而大喜大憂。真正重要的是培養孩子優秀的個性，培養具有獨立思考能力的孩子。四歲是這種創造力達到顛峰的時期。

我們應該以培養富有創造力的孩子為目標。

一不注意，家長往往變成在培養孩子的高度記憶力，這就是傳統的教育的問題。我們的教育完全是為了應付大學聯考，學習的模式以記憶為中心。為了進入名校，死記硬背地學習，缺乏自主性的學習方法，這些都是莘莘學子經常可見的學習方法。

由於孩子在學校裡，都是靠這一套學習方法過日子，進入社會後，孩子只會擅長模仿，卻無法以獨立思考去創造。亞洲的諾貝爾獎得主之所以少之又少，最大的原因就出在教育的本質。

如何才能避免這種只會模仿背誦的學習，如何才能培養出具有獨立思考能力的孩子？最好的方法，就是在幼兒時代就開始培養孩子的思考力和創造力。

美國喬治亞大學教育心理學家E．P．托蘭斯博士認為：

「三歲以後，創造力呈現飛躍性的成長，在四歲至四歲半期間達到高峰，到了五歲，則開始呈現直線下降的趨勢。」

因此，想要提升孩子的創造力，必須

把握三歲和四歲的關鍵時期。在這個時期多加以引導，可以培養出富有高度創造力的孩子。

培養孩子高度創造力的具體方法，我們將繼續探討如下。

獨創思考的能力

二十一世紀需要富有創造性的人才。那麼，如此重要的創造性，到底是一種怎樣的能力？想要培養孩子的創造力，首先必須瞭解創造力是什麼東西。

所謂創造力，就是為我們所生活的世界增添新事物、新思想的優秀知性能力。所謂創造性，是具備能夠從事這種工作的力量和個性。

創造力並不等於高智商，創造必須是前所未有的新思想，或是以前沒有人提出的答案。

那麼，培養富有創造力的孩子是否很困難？不，事實上一點也不困難。

每一個孩子都擁有與生俱來的優秀創造性。從誕生的那一刻起，孩子就已具有創造力。

創造力與五種感官會一起發揮作用。幼兒用眼睛看、用耳朵聽、用嘴巴嚐、用鼻子聞、用手觸摸，這些活動本身就是幼兒發揮創造性的第一步。

三、四個月的幼兒會嘗試用手抓、扭、丟東西，或是拿到什麼東西就往嘴裡放，藉此認識抓到的東西是什麼。

此時，幼兒的創造性思考已經非常活躍，幼兒就是以這種方式快速學習、思考。

若父母可以從旁適當加以鼓勵和訓練，孩子可以更加快速的成長。在出生到半年這段期間，給予孩子感覺的刺激，將決定孩子日後的學習態度。想要培養一個具有高度學習意願、富有創造力的孩子，還是缺乏學習意願、缺乏創造力的孩子，完全要看這個階段的訓練。如果無視孩子想要學習的意欲，阻止創造力的萌芽，進行錯誤的指導（看到孩子把東西放入口中，就立刻加以阻止；不讓孩子觸摸任何東西；將孩子封閉在狹小的空間裡；不給予充分的運動量；讓孩子一個人安靜地玩……等等），不僅不加以協助，反而抑制，這樣會極度削弱孩子的創造意願，成為一個無趣的孩子。

如果抑制出生九個月至十個月大幼兒進行探索，不僅會影響幼兒智能的發展，錯過這一段時間，以後再也無法挽回。在這段期間，如果能夠給予大量的感覺刺激、運動量和語言，就可以培養出富有優秀創造力的孩子。否則，孩子將會喪失創造力。

幼兒從出生開始，就已經具備了創造性，如果無視這種特性，就無法正確培養孩子的創造力。

為了培養富有創造力的孩子，不妨先觀察一些在我們身邊富有創造力的孩子。

富有創造力的孩子是什麼樣子呢？觀察瞭解之後，可以把這樣的孩子當成一種模範，自己的孩子有一天也可以成長為具有創造力的人才。

富有創造力的孩子，具有以下的特徵——

⑴好奇心很強。

⑵喜歡嘗試。

⑶好問。會問一些其他孩子不問的問題。

⑷簡單的答案無法滿足孩子。孩子會追根究柢，一直到滿意為止。

⑸不斷產生新的想法。
⑹面對初次體驗的事物，絲毫不畏懼。
⑺經常與朋友、父母和老師的想法不同，甚至唱反調，在老師眼中，是個自以為是的孩子。

幼兒將任何東西都放入口中，
這是一種創造性思考的表現。

(8)獨立心很強，經常會出現反抗的行為。

一般來說，順從父母、聽從長輩指導，社會化，善於和朋友相處的孩子，是父母眼中的「乖寶寶」（E・P・托蘭斯之說），這種一般觀念認為的乖孩子，與富有創造力的孩子，兩者存在著很大的差異。

如何培養富有創造力的孩子？

如何激發、培養孩子與生俱來的創造力？

在前面，我們介紹了四歲以前的教育重點。

在哺育期（出生到半年內），必須給予幼兒充足的感覺刺激。從九個月開始，約一年半的時間，不要阻礙孩子旺盛的探索活動，相反的，應

該加以協助。不要將孩子限制在狹小的範圍裡面，要讓孩子可以有充足的運動空間，但要注意環境的安全問題。

父母要盡可能協助孩子，時常給予孩子擁抱，讓孩子確信父母深愛著自己。從孩子出生開始，要常常和孩子說話；當孩子開始發出聲音，父母要多多回應，這樣可以提升孩子的說話能力。

四歲以後，培養孩子必須注意以下一些要點。

■孩子開始發問時，應該重視孩子的問題。要和孩子一起思考問題的答案，教導孩子解決問題的方法，這一點非常重要，可以使孩子懂得如何進行獨立思考，養成思考的習慣。這種習慣比得到正確答案更為重要。

■讓四歲的孩子多玩猜謎遊戲。猜謎的答案通常令人意想不到，對培養孩子的思考能力有很大的幫助。

■努力培養孩子的專注力。當孩子熱衷於某件事時，不要干涉阻擾，不要以大人的想法來干預孩子喜歡的事。

■為孩子選擇能夠促進智力發展的玩具。例如：需要動手組合、挑戰的玩具，比現成的玩具更適合。

■不要讓孩子無所事事。父母多和孩子一起玩，可使孩子的生活更加快樂。認同孩子的所作所為，多多稱讚。

■豐富的知識是創新的基礎。讓孩子多讀書，能夠累積知識。不妨為孩子買一些科學書籍，讓孩子閱讀。但知識不要只是停留在書本的階段，應該讓孩子動手做實驗。

■讓孩子知道如何表達自己的感覺。幼小的孩子對自己的想法還沒有自信，往往不擅於表達，或是根本沒有繼續思考。因此，讓孩子瞭解自己的與眾不同十分重要。無論孩子說什麼，都不要嘲笑孩子，讓孩子抱有一種隨時都可以說出自己想法的安全感。

■應該視孩子為一個獨立的個體，不要認為孩子根本不可能做到什麼，不要去抑制孩子的能力。

■孩子的事讓他自己決定。吃飯、穿衣服等，必須讓孩子瞭解自己做決定的重要性。對於自己決定的事，必須對結果負責。如果孩子總是按照父母的決定去做，沒有運用自己的頭腦思考，就會變得非常被動。培養孩子的獨立性，比較不會出現反抗現象。

■盡可能多讓孩子有更多的成功體驗（憑自己的力量去完成某件事）。父母應該盡可能讓孩子憑自己的力量去完成某件任務，千萬不要在旁邊指揮。孩子可以靠父母的力量獲取學校獎狀，卻無法培養出真正的創造力。孩子必須獨立完成工作，才能培養出創造力。

培養富有創造性的孩子，首先必須給予孩子決定權。

就算你很喜歡，這畢竟是爸爸的 T 恤，而且很舊……
NEXTBRAND
DENIM
07982

■讓孩子不畏懼失敗。有些父母會擔心失敗經驗使孩子產生挫折感，所以凡事都不願意讓孩子「親力親為」。其實，挫折和失敗的體驗才能夠淬鍊出良好的個性。富有創造性的科學家、發明家、藝術家和作家，都敢於挑戰困難的工作，從而獲得成功。如果孩子不敢挑戰這些困難的工作，根本不可能有偉大的成就。

■要使孩子樂於嘗試，面對任何事都不要畏懼。

有人認為，進入小學以後，學校的老師會進行適當的教育，可以發展孩子的創造力。這種想法完全錯誤。

不要以為入學以後，孩子可以藉由課堂發問來培養創造力。其實，在學校生活中，必須遵守集體行動的規則，聽老師的話，因此，反而會抑制創造力。如果孩子在上小學以前，沒有憑自己的力量去思考、創造，日後孩子將會隨波逐流，最終變成一個平凡的人。

第三章

教養孩子的難題

第9節

從〇歲開始教養

本章將討論在教育孩子過程中，關於教養這個重要部分。

孩子茁壯成長的三大重點

在培養孩子的過程中，最重要的是首先要培養一個健康的孩子。

然後才是智能教育。以這些教養為基礎，讓孩子充分學習社會化和道德性。

智能教育之所以排第二位，是因為幼兒從誕生的那一刻，就已經開始了智能的發育，比社會化和道德性更為優先。

(1)健康（身體的健康、心靈的健康）

(2)智育

(3)社會化與道德性的教養

在這三大重點之中，無論缺少哪一點，都無法培養出優秀的孩子。因此，父母必須具備於未來的展望（理想、夢想），才可能培養出優秀的孩子。當父母擁有明確的展望，想要培養孩子成為人才，才能使孩子發揮出最大的潛能。面對未來，父母到底應該將孩子培養成怎樣的人才？當然，每一位父母對自己孩子的要求都不同，但仍然具有某些共通的理想模式。如果缺少以下幾點，就無法談論教養孩子的問題。

在此列舉出五項父母培養孩子時的理想模式。

(1)培養孩子珍惜自己，及體貼別人。

(2)培養孩子具有改善社會及環境的使命感。

(3)培養孩子具備優秀的創造性。

(4)培養孩子具有領導眾人的能力。

(5)培養孩子具有與其他人相處的社會化。

這樣一來，無論在任何時代，我相信所有孩子都可以過著有價值的生活。以下，我們將討論父母如何培養孩子，使孩子達成這些理想。

正確接收幼兒所發出的訊號

想要培養一位優秀的孩子，首先應該讓孩子能夠健康成長。談到孩子的健康，大家會立刻聯想到身體健康，較少人會注意到孩子的心理健康問題。

從〇歲開始的教養中，談到健康問題，我更注重孩子心理的健康。在人生的最初，尤其是〇至三歲的身心發育狀況，將對人的一生的身心健康產生極大的影響。根據精神科醫師的分析，現代的不安與不健康的最深層問題，在於現代人幼兒時代的親子關係不夠穩定，對此，我們的確有必要捫心自問。

為了使孩子能夠健康、茁壯，父母必須正確認識孩子內心所萌生的需求。只有在這種良性溝通的基礎上，孩子才可能依照父母的期望成長。

對此，九州大學心智科的精神科醫師杉田峰康先生，在一本關於教養問題的著作《誰造就了這樣的孩子》中，談到了以下的見解——

「健康的母親完全滿足孩子的食欲、睡眠、遊戲、好奇心、驚訝、無拘無束的自由創意等所有天生的行為，使孩子在人生的早期獲得充分的滿足，將來，孩子會成為一位善解人意的人。」

同時，杉田醫師並指出正確的育兒態度——

「育兒並不是將孩子變成自己的所有物，而是應該將孩子視為上天賜予的

嚴格管教！
你是媽媽的所有希望，一定要將你培養成一個精英！
哦！

對於孩子過度的期待，並不等於對孩子的未來有所展望。

寶貝，依照孩子的素質加以培養。」

教養孩子，或是教育孩子，都必須尊重孩子的自然發育，這是至高無上的原則。

多與孩子接觸、擁抱

有人認為，孩子的餵奶時間必須固定。如果規定餵奶的時間還沒到，即使孩子一直哭，也應該全然不予理會；因為這一派認為，孩子越哭，會變得越堅強，哭有益孩子的運動，可以讓孩子學會忍耐。

事實上，這種想法大錯特錯。

孩子會以各種不同的方式，竭盡全力向大人表達自己的需求。

想要喝奶時的哭泣，是孩子的一種表現方式。但是，如果孩子發現無論自己哭得再用力，無論自己再怎樣努力表達自己的想法，大人也不予理會，會漸漸放棄正確表達自己的想法。

如果孩子不想喝奶，媽媽卻拚命餵奶，想喝的時候又喝不到，這樣無法讓孩子在出生的最初階段，培養出正確的身體感覺。

這種無視孩子要求的育兒方式其實並不科學。

每個孩子的身體節奏都不相同，自然要求也不相同，因此，「要按照固定時間餵食、換尿布、睡覺」這些實在是大錯特錯。

如果有父母成功地讓孩子習慣固定的時間表，最輕鬆的一定是大人，但這樣一來卻破壞了孩子的需求，如果狀況變糟，孩子甚至會變得不願意正確傳達自己的感覺，變成一個容易放棄，需求不滿，有氣無力的人。

有另一派認為應該讓孩子學習獨立，不應該陪孩子睡，這也是一種錯誤的想法。

對孩子來說，肌膚之親非常重要。

只要有機會，請盡可能多抱抱孩子。

如果在孩子未滿二個月之前，父母就因為工作的關係將孩子交給外人帶，孩子可能無法得到足夠的親子接觸。

結果，可能導致孩子不喝奶，或是即使喝下也會吐，或是出現消化不良、拉肚子等症狀。

有趣的是，當媽媽主動增加母子接觸，這些症狀就會消失，孩子會明顯地強壯起來。

整天纏著媽媽不放的孩子，並非從小就得到充分母愛，相反的，他們是從出生開始，一直無法滿足獲得大人關愛的孩子。

在雙薪家庭中，如果父母不注意多與孩子接觸，給予充分的父愛和母愛，孩子的內心會因為無法獲得母愛的滿足，在不知不覺中產生憎恨、憤怒的情緒，這種情

若孩子哭著要喝奶，大人卻不予理會，孩子漸漸就學會放棄正確傳達自己的想法。

緒很可能在日後導致嚴重的問題。

於是變成一個缺乏獨立性，整天纏著父母不放的孩子。

前面曾經提到的杉田醫師，他曾在著作中談到一個孩子的例子。這個孩子名叫秋雄，他在四次大學聯考中，都慘遭滑鐵盧。但是他的成績非常優秀，學校老師一致認為他考上國立一流大學絕對沒有問題。但是，他接連考了數次，仍然無法上榜。於是，杉田醫師分析了其中的原因。

事實上，在秋雄年幼時，由於經濟的關係，母親必須外出工作。因此，在照顧秋雄方面無法全心全意。於是，在秋雄的內心，對無法得到充分的母愛而產生了極大的憤怒，但這種情緒孩子自己卻沒有意識到。

孩子的需求不滿，父母卻全然不予理會，因此，在秋雄的潛意識中，便以大學聯考落榜的扭曲方式，試圖引起父母對自己的注意，同時也達到復仇的目的。

如果在孩子二個月左右，就交給外人帶，這樣孩子長大以後，會出現依賴父母的情形，這是因為孩子的內心已經種下扭曲的種子。

在人生的最初，如果沒有得到充分的關愛，長大以後在人與人的溝通上就會出現極大的問題。

目前的雙薪家庭狀況，只會進一步造成這種不良的現象。

八個月是建立基本信賴感的關鍵

什麼是身心健康的人？

一個身心健康的人，除了珍惜自己，還懂得體諒他人，具有同理心。懂得如何協調內心的需求和他人的需求。

為培養這樣的孩子，必須在人生的初期階段，給予孩子足夠的關愛。在出生後七、八個月內，感受到充分父愛和母愛的孩子，長大以後情緒比較安定。如果在這個階段能夠主動接收孩子所發出的訊號，可以建立基本的親子信賴感，孩子不容易成為問題兒童。

在人生的最初，孩子向父母發出內心的需求，此時，如果父母不予理睬或無法正確接收，會使孩子喪失發出正確訊號的能力，日後也很容易成為問題兒童。

孩子在斷奶期，經常會吸手指，這是無意識的行為，彌補因為離開母親時所產生的不安全感。是在尋找一種代用品，以代替媽媽的感觸，暫時以這種方式克服內心離開媽媽的不安全感。

如果媽媽能夠對這個訊號有正確的反應，以正面的態度接受孩子的行為，日後，孩子在上小學、中學時，不會整天需要拉扯毛巾或手帕，還是把手放在嘴裡吸個不停。

如果媽媽嚴格禁止孩子吸手指，反而會使孩子無法改正癖好。

生下弟妹，不要忘記對老大的愛

生下第二、第三個孩子的時候，原本很乖的老大、老二，可能會突然變成不講道理、任性的孩子。

這是因為孩子擔心弟妹會搶走父母，所以想要以自己的方式奪回關愛。

孩子們會覺得，要是自己也變成小嬰兒，就可以讓母親照顧自己，於是，已經學會自己上廁所的孩子，會突然尿在褲子上，或出現尿床，變成一個「大嬰兒」。有的孩子還會故意欺負弟妹，弄哭弟妹。因為孩子覺得母愛被小嬰兒奪走，所以遷怒於小嬰兒，故意做一些會讓父母不高興的事。

解決這種問題，唯一的方式就是給予孩子充分的關愛。

在睡覺時，除了陪小嬰兒睡，也讓大孩子睡在一旁。多注意照顧孩子，多抱抱孩子，令孩子感受到自己是受到關愛的。

孩子充分感受到父母的關愛，就會恢復原本懂事、乖巧的態度。

這個時候可以告訴孩子，你已經是姊姊或哥哥，會做很多事，但小嬰兒還很小，所以，請一起來幫小嬰兒換尿布，餵小嬰兒喝奶……。

如果不採取這種方法，只是常常對孩子發脾氣，數落孩子：「你是哥哥（姊姊）！怎麼這麼不聽話！」這樣是無法讓孩子瞭解的。

當孩子因為任性而加以斥責，只會使孩子的內心更加不平衡。因此，必須確實把握孩子所發出的訊號。

第10節

一歲至三歲是基本教養的關鍵期

教養的根本在於意志的教育

「人生的初期（生後約一年），如果養育者能夠滿足孩子的基本需求，可以培養孩子內心對於父母的基本信任。建立在這種信任基礎上的『基本教養』，可以發展出健全的人格。」

這是《誰造就了這樣的孩子》作者杉田醫師所說的話。

在討論孩子的教養問題時，還必須思考意志教育，也就是說，要將孩子培養成一個意志堅強的孩子。

意志堅強並不是代表以自我為中心、任性，意志堅強是指能夠戰勝自己的欲望和感情。

想要培養孩子的個性、創造性，就應該培養孩子戰勝需求不滿，克服痛苦。意志薄弱的孩子不可能具有個性和獨立性。

因此，孩子在三歲以前，基本上已經具有某種程度的堅強意志，養成忍耐的能力。如果到三歲以後，等孩子已經發展出自我特質，這時才開始培養意志，為時已晚，很難改變孩子已經形成的個性。

孩子三歲前，還沒形成意志力，必須明確教導孩子什麼事可以，什麼事不可以。

一般認為，孩子長大以後之所以會變壞，最大的原因就在於孩子缺乏耐性。也就是說，由於從小沒有培養孩子克制自己的意志力，缺乏耐

性，才會使孩子變壞。

孩子變壞，最大的原因在於孩子的幼兒時代，是大人把孩子寵壞了。

○歲嚴格，三歲放鬆

東方人對待幼兒的態度顯得溺愛，允許幼兒任意。在孩子的成長過程中，受到大人寵愛。但隨著孩子長大成人，卻逐漸變得嚴格。但西方人則相反，對幼兒的教育比較嚴格，隨著孩子的成長，要求逐漸放寬。

西方的嚴格教育在○歲時最嚴格，三歲時比較放鬆，六歲時再放鬆，九歲更加放鬆，建立親子溝通的基礎之後，繼續加以指導。

如果讓孩子在六歲以前任意放肆，會導致怎樣的結果？一般認為，這將導致孩子日後變壞或是自殺，做出一些反社會的行為。

由於孩子缺乏克制自己的力量，才會向這個方向發展。

如果父母缺乏一貫的教育計畫，只是反映當下的情緒，這樣無計畫、無目的培養孩子，當然無法養成一個優秀的孩子，使孩子變得情緒不穩定，不聽大人的話。如此，就會破壞孩子與生俱來的能力。

為了使孩子能夠健康、茁壯，從孩子出生開始，父母必須有一貫的教育方針。父母要站在孩子的立場思考，怎樣對孩子最有幫助，以建立明確的教育方針，這正是培養優秀孩子的重要條件之一。

孩子行為不當的四大原因

對行為偏差的孩子進行研究調查發現，幼兒期的教育將決定孩子日後是否會有不良行為。

驕寵孩子，放縱孩子，是教育最大的失敗。

調查行為偏差的孩子，發現造成行為偏差的原因為以下四個——

(1)缺乏耐心。

(2)從小接受否定式教育。

(3)過度的期待。

(4)過度保護。

行為偏差的首要原因，在於孩子缺乏耐性，所以絕對不能驕寵孩子。

在孩子成長過程中，一味滿足孩子的要求，並不等於使孩子的意志得到自由發展，結果只會讓孩子變得任性。一味驕寵孩子，孩子會沒有學習耐性，孩子的需求會變得越來越大，在一個願望實現之後，會立刻產生新的願望，像個無底洞沒完沒了。因此如果父母不教孩子學習忍耐，一旦養成滿足孩子的每一個願望的習慣，孩子的欲望會變成「無底洞」。

因此，父母必須瞭解教育孩子的秘訣，以

想要讓孩子學習有耐心，父母必須先具有耐心。

正確的引導方式，培養出健康、茁壯的孩子。

每個孩子原本都是天才。孩子之所以無法發揮天才的能力，是因為父母不懂得如何培養孩子。

父母必須相信每個孩子都是天才，必須有耐心，在遊戲式的學習中循序漸進，讓孩子做自己力所能及的事，逐漸產生自信，這樣孩子就能夠快速發展。

過度保護是造成行為偏差的第四個原因。孩子無論想要做什麼，父母都搶先為孩子做好。在這種情況下成

長的孩子，一直無法斷奶，心理發展比較幼稚，容易在家稱霸，在外膽小，以自我為中心，成為任性、社交能力差的孩子。

有些媽媽聽說〇歲教育很重要，便一味投入智能教育，而完全忽略有關教養的問題。

我常常在幼稚園裡看見，有些三歲的孩子雖然認得很多字，但卻無法獨力穿脫衣服，這些孩子看到其他孩子可以自己動手做，就會哭泣起來，這很明顯是因為父母過度保護所造成的結果。

這種教育方式，會造成孩子喪失自動自發的能力，孩子無法憑自己的力量做到想要做的事。結果使得孩子在無意識中產生需求不滿，導致孩子日後出現行為偏差。

不教孩子學習耐心，會讓孩子產生需求不滿。父母的過度給予，反而會造成孩子的問題，有耐心的孩子絕對不會需求不滿。

法國的中產階級家庭很少會出現行為偏差的孩子，這是因為法國家庭從小就加以嚴格管教，孩子懂得如何克制自己的欲望，所以很少產生需求不滿的現象。

行為偏差的第二個原因，在於父母以否定的方式教育孩子，也就是對孩子進行嚴格的教育，孩子做什麼都不認同。

這類型的父母在亞洲人來說很多。許多父母每天對孩子所說的話，裡面有八九成都是數落，這些父母根本沒有瞭解到，這種行為會多麼損害孩子的能力和資質。如果孩子整天被數落，心理自然會不平衡。因此，父母應該瞭解，經常斥責不會培養出主動學習的孩子。

行為偏差的第三個原因在於父母過度的期待。在教育過程中，要以正確方式來培養孩子的能力，在此之前，要正確認識孩子的能力。教育〇歲孩子，這一點非常重要。

我前面提過，〇歲的幼兒每一個都是天才，但是父母不應該因此認為，所有的事孩子應該馬上就能學會。

孩子的優秀素質必須經由教育來得到發展，因此父母必須有充分的耐心和技巧，孩子的優秀素質自然會漸漸表現出來。如果不懂得培養的技巧，一味以為「所有的事孩子應該馬上就能學會」，變成對孩子過度期待。

當孩子受到過度期待，會感受到壓力沉重，反而認為自己不具有學習的能力，就會產生一種自暴自棄的感覺，反過來甚至會對父母表現出強烈的抗拒反應。

若是父母不懂得如何正確培養孩子的天份，卻對孩子抱有過度的期待，會使孩子產生說不出來的痛苦。

結果，為了逃避這種痛苦，孩子表現出來的是生病、討厭讀書、不願意上學或自殘等現象。

第11節

正確教養的三個重點

什麼是正確的教養？

要討論正確的教養，必須從以下三個重點加以考慮——

· 基本的教養

· 精神的教養

· 社會化與道德的教養

進行「基本教養」的注意事項

基本教養可以分成五項——

(1)飲食

孩子滿一歲左右，會想要和大人一樣自己使用湯匙筷子，這個時候，父母應該讓孩子自己嘗試，教孩子如何使用，即使弄得一塌糊塗，父母也不可以生氣。孩子剛開始練習是正常的，等熟練以後孩子可以自己順利地將食物送入口中，會自己吃飯，這就是孩子發展獨立性的開始。

如果因為孩子將食物撒得到處都是，就不讓孩子使用湯匙筷子，孩子無法發展獨立性，成長會受到影響。

如果動機受到抑制，孩子會變成一個缺乏主動性的孩子。

如何誘導一歲孩子的主動性，是使孩子變得積極的一件要事。如果在幼兒期對孩子過度保護，對孩子的成長其實是沒有幫助的。

(2)上廁所

許多父母認為，應該儘早讓孩子學會說「尿尿」或「便便」，獨立上廁所。但父母要注意不能操之過急。要求孩子在一歲半學會自己上廁所還嫌太早，到二歲左右比較適當。請記住，欲速則不達。

在孩子能夠獨立上廁所之前，在尿尿或便便之後，應該幫孩子換上乾淨的尿布或褲子，使孩子知道要保持清潔。孩子會學習到，上廁所以後，要清潔乾淨，否則會很不舒服。如果孩子對髒尿布習以為常，長時間不換尿布，以後會養成大、小便不會告訴大人的習慣，不在乎自己是否弄髒褲子。

(3)穿衣服

三歲以後，幾乎所有的孩子都會自己穿褲子。這時，不妨開始讓孩子自己練習學會扣釦子，以培養孩子的主動性。

如果在三歲以後，孩子還要父母幫忙穿衣服、扣釦子，代表父母對孩子有過度的保護，這樣會造成孩子的能力無法發展。孩子學穿衣服的時候，不妨在旁邊靜靜地觀察，不即使孩子兩隻腳都穿進同一個褲管，父母也不必指責。經過多次練習，孩子一定可以學會自己穿衣服。

要出手幫孩子。經過多次嘗試，孩子自然學會自己穿衣服。

(4)清潔

洗臉、刷牙、上完廁所要洗手，養成這些生活習慣看來簡單，其實並不容易。有一日本小學的二年級，班上老師請早上有洗臉刷牙的學生舉手，發現只有一位學生早上有做到，有的學生甚至三天都沒有做。

從小沒有養成洗臉刷牙的習慣，自然難以建立適當的清潔習慣。

(5)安全

幼兒很容易發生交通意外，因此，安全也是一項重要的教育。要教導孩子走路要靠路邊，過馬路要注意紅綠燈，不要在馬路上玩耍，過馬路要注意看車子。

還要告訴孩子，在遊戲場玩耍的時候，不要經過鞦韆的正面，以免被撞到等等，要提醒孩子遠離危險。

進行「精神教養」的注意事項

精神教養的重要性並不遜於基本教養，包括以下五個項目——

(1)耐心（任性）

讓孩子知道耐心是很重要的。可以磨練孩子的環境，為了完成一件事，能夠忍受不自由，對孩子來說不見得是不好的。

正常的要求是訓練，不正常的要求是磨練。大人必須明白，舒適的環境對孩子不見得是最好的。

(2)和善親切（態度惡劣）

愛護弟妹是一種親切的表現，父母要注意讓孩子明白，對家裡的大人小孩都要和善親切。

大人可以請孩子做一些小事，如果孩子做到，可以向孩子道謝，告訴孩子，親切表現，使媽媽感到很高興。

於是，孩子就學習到待人接物的喜悅。

父母總是為孩子付出，但孩子也必須學習協助家人。孩子在學習付出時，父母應該要回報喜悅和感謝。

(3)誠實（說謊）

如果孩子總是因為想像而說一些天馬行空的話，父母不應該加以指責。

但如果孩子做錯事，卻責怪

別人，此時則不可以輕忽。

遇到適當的機會，要教導孩子不能隨便拿別人的東西。去商店時，不付錢就不能買東西，撿到錢要交給警察，不可以佔為己有……等等。

這些事如果大人不教，孩子就學不會。曾經有孩子撿到錢，因為他不知道原來撿到的錢不是自己的，就拿這些錢去買東西，結果引起麻煩。

(4)服從（反抗）

幼兒還不懂得分辨是非，無法正確判斷善惡。

在這個時期，不必向孩子說太多道理，但是要讓孩子學會服從父母，因此絕對不允許孩子出現不尊重父母的行為。

如果孩子在〇至三歲的期間沒有學會服從，到了四、五歲以後孩子的思考和行為漸漸變複雜，此時父母卻突然變得很嚴厲，這樣是沒有用的，因為孩子已經學會不需要尊重父母。

〇歲～三歲幼兒出現反抗言行時，父母千萬不能順從孩子，否則會揠苗助長。父母必須有所堅持，不行的事就是不行，嚴格遵守紀律。

(5)感謝

請儘早教孩子學會感謝。接受別人的東西，要學會說謝謝。

吃飯時要遵守餐桌規矩。

讓孩子學會互相幫助，彼此心存感激。孩子表達感謝的時候，父母要積極稱讚，這樣孩子才能學會要主動表達感謝。

請讓孩子學會主動表達自己內心的想法。

在針對這五點加以教育時，必須嚴格教導。但是，在哪些情況下，父母要加以斥責？當孩子的行為中，出現了精神教養中的⑴到⑷項目括弧中的內容——（任性、態度惡劣、說謊、反抗）時，就應該加以斥責。

除此以外的行為，是不會影響孩子心靈的健康發展，所以不必過於苛責。例如：孩子不小心把東西打破、或是在房間中吵鬧跑跳時，就沒有必要斥責孩子。

訓練孩子的「社會化與道德教養」

除了基本教養、精神教養，還有社會化和道德的教養。社會化和道德教養可以分為五種——

(1)責任感

孩子的主動性與責任感兩者有很大的關係。培養孩子的主動性，是培養責任感的第一步。

讓孩子養成整理的習慣。

早晨起床以後，請孩子自己動手整理床鋪，養成主動管理自己生活起居的習慣，學會對自己的行為負責。

(2)勤勞

三歲的孩子凡事都喜歡自己動手做，願意幫忙媽媽做事。凡是家事，只要不危險，請盡量讓孩子幫忙，即使孩子做得不好也沒有關係。在孩子幫忙時，大人要多多鼓勵。

這樣一來，可以培養孩子主動協助的意願，養出勤勞的孩子。要注意的是，有些父母太直接，孩子做得不好，就會當面指責。「你做得亂七八糟，反而造成媽媽的麻煩！」這樣的說話方式，會頓時打消孩子協助的意願。

(3)人際關係

讓孩子與其他小朋友一起玩，是培養人際關係，形成社會化的最佳方法。看到孩子和其他小朋友吵架時，請父母暫時「袖手旁觀」，以免影響孩子的社會化。

如果孩子凡是都要依靠父母來判斷，會養成等待他人判斷的習慣。

三歲以前的孩子通常會以自我為中心，但是和其他小孩一起玩耍，無法讓孩子為所欲為，可以自然而然學會如何和別人和睦相處。

孩子如果不願和其他小朋友一起玩耍，個性會比較內向，也比較缺乏社交能力。

⑷文字語言

孩子開始記憶文字以後，這些記憶會隨著孩子一起長大成人。

認字的孩子比不認字的孩子更具有推理能力。

〇歲幼兒越早開始學習語言，越容易學會。因此，不妨早點開始教孩子認字。

不要用強迫式的教育，而是要讓孩子在遊戲中快樂地學習。

有些幼兒從〇歲就開始認字，到了三歲甚至可以閱讀繪本，可見孩子的能力是可以培養的。

孩子的天賦發展順利，會對自己產生更多的信心。

(5)社會道德

在適當的機會下，告訴孩子不能隨地丟垃圾，不能攀折斷公園花木，乘車時應該遵守禮儀，不大聲喧嘩。

要教導孩子遵守社會規範，父母首先應該以身作則。不要教一套，做一套，這樣孩子無法學習正確的觀念。

孩子會學習父母，所以父母應該成為孩子的好榜樣。

在本章有限的篇幅內，簡單討論了關於孩子的教養問題，如果能對各位的教育有所幫助，將是本人最大的榮幸。

在本章的最後，我要談一些幫助孩子成長的秘訣。

想要將孩子培養成一個積極上進的優秀人才，請認同、多稱讚孩子。這個道理其實非常簡單，但卻是是育兒、教養的重要關鍵。

有些父母告訴我，自己的孩子在商店裡面偷東西，對父母不尊敬，他們不知該怎麼辦。我告訴父母，請你們回家以後，與孩子相處時，多多稱讚孩子的優點。

果然，幾個月後，孩子竟然「改邪歸正」了。是父母的稱讚拯救了這個孩子。認同、稱讚孩子，可以說是最佳的親子關愛傳達方式。

第四章

從語言教育培養幼兒思考力

第12節

孩子具有開拓世界的能力

○歲語言教育法培養優秀的孩子

美國有一位著名的兒童腦傷醫師——格連・杜曼博士曾經指出，在幼兒頭腦發育過程中，是由能力的發展來促進大腦發育，而不是由大腦發育來決定幼兒能力。

在杜曼博士的腦傷兒童研究所中，孩子從一歲半開始就要上閱讀課程。

在杜曼博士的研究所中，有數百位二歲、三歲、四歲腦傷兒童學習認字，這些兒童經過一段時間的學習，可以開始自行閱讀，並瞭解書中的內容。甚至還有三歲腦傷兒童經過訓練，能夠閱讀多國文字，確實掌握不同語言文字的意義。

這些腦傷兒童的能力（功能）經過訓練，得到改善，發現連帶使得大腦開始發展。例如：小頭症的兒童頭骨成長的速度，是一般兒童的三、四倍。

孩子學習認字，還可以形成完整的視覺迴路，進而促使幼兒頭部的構造發育。因此，認字可以提升能力，促進頭腦的構造。

孩子越年幼，由能力發展促進大腦發育的情形就越明顯。

教孩子學習認字，可以使孩子發展高度素質，記憶文字可以徹底改變能力和腦部構造，即使唐氏症的幼兒也可以用這種方法來刺激大腦發展。

根據巴西的海門．貝拉斯博士研究發現，從一歲開始教導唐氏症女童葡萄牙語、英語和德語三種語言，到了女童三歲時，已經能夠毫無障礙地閱讀這三種文字。

由於這個成功的案例，貝拉斯博士開始教導數十位未滿三歲的唐氏症幼兒認字，在他們四歲以後，幾乎每個孩子都能閱讀書報。

日本國立國語研究所發表過對於幼兒進行的語言文字調查結果，發現一個相當重要的問題——

「能夠認識超過二十個字的孩子，各方面表現會比不認字的孩子優秀。」

這是理所當然的。

人類具有與一般動物相同的第一訊號系統（Second Signaling System），也就是動物的本能，控制著我們日常生活中吃東西、行動……等行為。人類也是一種動物，所以當然具有第一訊號系統。但是，人類還具備了其他動物沒有的第二訊號系統。（譯註：在科學家巴夫洛夫的「條件反射」實驗中，讓一隻狗聽到鈴聲就吃食物，久而久之，狗變得一聽到鈴聲，本能地會流口水。這種本能反應即為「第一訊號系統」，而運用語言思考等抽象方式則稱為「第二訊號系統」。）

第二訊號系統的功能，使人能夠利用語言、文字和數學等記號，進行思考判斷。認字能力是第二訊號系統發揮作用的證明，可以使孩子從動物腦進化為人類腦。

家長必須認識到，想要促進第二訊號系統的功能，越接近〇歲開始進行語言教育，效果會越理想。如果在頭腦迴路已經完成百分之八十的六歲之後才開始，效果就比較不明顯。

著名教育家石井勳先生提倡，父母應該儘早開始教幼兒認字——

三、四歲的幼兒期是最容易記憶字彙的時期，錯過這個時期，語言能力會逐漸衰退。

如果從六、七歲才開始教孩子認字，已經太晚，孩子的學習比較緩慢。在小學高年級階段，需要學習的詞彙約為一千個，但如果孩子在上小學後才開始學習認字，想要記住五百個字會變得比較困難。

如果從三歲開始教孩子認字，只需三年的時間就可以記住一千個詞彙。因為，三歲正是語言學習的成熟期。更重要的是，記憶大量的文字，可以使頭腦的素質得到發展。

對於腦傷兒童進行認字教育，結果發現，這些兒童在學會一百個文字左右，眼神會開始改變，他們的眼睛會閃耀光芒。即使腦傷情形比較嚴重的腦傷兒童，只要父母抱著耐心和熱情，這些孩子都可以學會。

文字可以改變頭腦的構造。

斯坦因．貝科教授夫妻的成就

夏威夷大學斯坦因．貝科教授夫妻，曾經針對尚未學會說話的幼兒，進行認字教育的實驗。

教授夫妻對於傳統觀念提出了很大的質疑，認為「孩子會說話後才開始語言的學習」、「孩子學會說話後才教認字」是錯誤的。

斯坦因．貝科夫妻認為，「閱讀代表能夠理解文字內容，能夠將所看到的文字讀出來，並不是閱讀的重點。」

由於斯坦因．貝科教授深信，「即使幼兒還不會說話，也能理解別人說話含意」，因此他大膽地設想——「即使幼兒不會說話，由於他們能夠聽懂說話的含意，所以可以開始學習認字」。

教授夫妻查閱了大量的文獻資料，發現幾乎不曾有人教還不會說話的孩子學習認字，於是，在一九六四年，教授夫妻針對自己家的長男進行了這項實驗。

教授夫人生產後，兩個人將孩子從醫院帶回家，他們把孩子放在嬰兒床上，開始想，為什麼寶寶會受到嬰兒床四周的綿羊、小馬圖案的吸引呢？

教授認為，孩子從漆黑一片的娘胎中出世，第一次看到這些圖案的時候，應該不會覺得「可愛」，但是大人每天指著這些圖案告訴孩子：「你看，好可愛的小馬！」所以，孩子才會覺得小馬可愛。因此，教授想，如果用文字取代圖案，應該也可以達到相同的效果。

所以，在孩子滿六個月時，教授夫妻就將英文字母寫在長方形紙的上（寬七點五公分、長六十公分，用紅筆將字寫得很大），貼在孩子的床頭、床尾。

當教授夫妻為孩子換尿布或抱孩子的時候，他們會一一指著字母，讀給孩子聽，每天重複讀四、五次，並不麻煩，每次大約只花費一分鐘。而且在日常生活中，只要他們看到字母，就會告訴孩子：「這是K。」、「這是S。」

每天這樣進行，兩個月以後，他們從第一階段的認識英文字母，進入讓孩子分辨字母的第二階段。

在這第二階段，教授夫人常常像是自問自答地跟孩子說：「K在哪裡？」「哦！K在這裡耶！」

等孩子十個月大，每當夫人說「爸爸在哪裡？」孩子立刻將頭轉向斯坦因．貝科教授。於是，他們判斷孩子已經瞭解「在哪裡？」的意思。

不久，孩子表現出對文字的極大興趣。教授夫人常常指著食品包裝盒上的字母，告訴孩子：「L在這裡。」還用湯匙敲打字母，孩子會高興得手舞足蹈。

這樣過了一段時間，教授夫妻不知道孩子到底認識多少字，但他們決定進入第三階段，開始讀單字、句子和短文。他們將男生、女生、汽車……等英文單字寫在紙上，貼在牆壁，不厭其煩地讀給孩子聽。在讀出聲音的時候，還要用手指著單字。

他們並且將生字寫在紙卡上，然後拿出兩張寫好的紙卡，例如：「男生」和「女生」，放在一起，問孩子「男生是哪一張？」孩子毫不猶豫地拿起「男生」卡片。

孩子一歲生日時，已經可以正確地分辨四個單字（我、男生、女生、汽車）。

在日常生活中，如果孩子聽到飛機飛過屋頂轟隆隆的聲音，嚇得大哭，他們會立刻將孩子抱到外面，指著天空的飛機告訴孩子：「這是飛機，很大聲，但不用怕。」然後回到室內就立刻在卡片上寫「飛機」，並讀給孩子聽。經過體驗，孩子記憶單字的速度特別快。

這個孩子很晚才開始說話，到了二歲生日，還無法清楚說出自己的名字，但認字的情形卻很理想，已經能夠認識四十八個單字（孩子會把正確的卡片用手指出來）。

二歲以後，孩子理解的單字和句子量突飛猛進，例如：看到腳踏車，他們會告訴孩子「這是腳踏車」，孩子會主動要求大人製作「腳踏車」的卡片（孩子會自己去拿筆和卡片給大人）。

到了二歲半，已經認識一百八十一張卡片。

不久，開始進入第四階段（讀繪本的階段）。他們為孩子買新書，讀給孩子聽，此時會用手一行一行地指給孩子看，孩子也會模仿跟著讀。讀過幾次以後，孩子對繪本漸漸熟悉，開始使用親子各讀一行的方式來閱讀，大人讀一行，小孩接著讀一行，或是大人小孩輪流讀一段。

二歲八個月開始，教授夫妻帶孩子上圖書館，每次可以借二十本書。當時美國有專為兒童出版的初學者幼兒書籍系列，孩子到了三歲七個月，已經讀完其中四分之三的書籍。

四歲時，教授夫妻開始教孩子默背，孩子只花了四個月，就完全掌握了默背的技巧。

四歲十一個月時，孩子經過美國依利諾斯大學閱讀中心的評估，發現已具備小學三、四年級的理解能力。

七歲十一個月時，經夏威夷大學閱讀中心評估，孩子具有相當於六年級學生的理解能力。十一歲十個月（小學五年級）時，在接受加州大學的評估後，認為孩子具有高中三年級的理解能力。

一本二百頁左右的小說，孩子只需二小時就可以讀完，閱讀的速度甚至比教授夫妻更快。

斯坦因．貝科教授夫妻從自己孩子的實驗中，確信早期教育孩子認字的效果，因此開始指導其他家庭如何從小教孩子認字。

根據報告指出，有一歲半的幼兒以兩個月的時間認識八十個單字。還有被診斷為唐氏症的孩子，從三歲開始教孩子認字，兩年後也學會了五十個生字。

斯坦因．貝科教授充分利用自己孩子的經驗，以獲得理想成績的語言教育法理論，在擔任日本廣島大學的特聘教授期間，曾對四個居住在廣島市內家庭中的五個幼兒，進行語言教育的指導。

在實驗中，A小朋友（女孩）從一歲半開始接受認字教育，兩星期後已經學會分辨五和孩子一起閱讀時，要用手指著字讀給孩子聽，這樣孩子才能模仿。

組英文生字（狗、手、書、娃娃、大象）和五組日文生詞（葡萄、椅子、柿子、貓、貓熊），在這些字彙中，只有「柿子」練習超過五次才記住，其他都是看了一兩次就記住。一個月不到的時間，她就記住了日文五十音的「aiueo」，在第十四週學會讀三十九個日文短句，例如：「小A在跑」、「爸爸看星星」、「熊站起來」等。

B小朋友（男孩）從一歲九個月開始接受認字教育，第十八週（二歲三個月）可以分辨一百四十三個中文名詞和三十三個日文短句。

與同年齡小孩相較，經過認字教育的孩子明顯比較聰明，但這個認字教育並不是填鴨教育，不是用大量時間將知識「灌」入孩子頭腦，而是以卡片遊戲的方式，每天花費五到十分鐘進行遊戲，效果竟然如此驚人。

由此可見，幼兒的語言教育能夠促進智能發展。

幼兒語言教育的九個要訣

斯坦因．貝科博士經過整理，提出以下的幼兒語言教育要訣——

(1)兩三歲的幼兒比六歲兒童的進步更快。

孩子年齡越小，記憶越容易，年齡越大，越不容易。

(2)認字與理解是不同的。

隨著年齡的增長，人們的理解的能力也會增加，這種能力比動筆書寫的能力發展得更早，也更強。

⑶閱讀與說話是不同的。

閱讀是藉由視覺看到記號（文字等），透過大腦分析、理解意義，這是閱讀的本質。即使不會說話的人，對語言的理解能力也可以十分優秀。

⑷閱讀與寫字也是不同的。

閱讀和寫字都會運用到視覺能力，寫字另外還必須運用手部肌肉，因此，要在幼兒四、五歲以後，等到手部肌肉適當發育，才能開始學習書寫，四、五歲以下的孩子不建議學習寫字，但閱讀則不同，〇歲就可以教孩子認字，唸書給孩子聽。也就是說，無論孩子再小，都可以教他們閱讀。

⑸閱讀不是學認字。

孩子的體驗與詞彙的理解程度有直接相關，所以在教孩子認字時，孩子要先有切身體會。孩子要瞭解「快樂」，教孩子「快樂」這個詞才有意義。對我們大人來說也是同樣的情形，如果不瞭解一些外國風俗習慣，是很難學會外語的。

⑹孩子能夠聽懂大人所說的話，此時可以進入閱讀學習的階段。

這是將⑴～⑸的觀點加以應用。

⑺連結。

「說話與文字結合」、「實物、圖片與文字結合」以這樣的方法教孩子認字。

⑻句子裡面如果有一些抽象意義的助詞，不用另外解釋，先念過去無妨。

助詞具有抽象意義，因此不妨讓孩子多讀單詞、句子、文章來理解。

⑼從遊戲中學習。

利用遊戲的方法，讓孩子以遊戲的形式學習，一次兩、三分鐘，一天總計不用超過十分鐘，這種學習方式不會使孩子覺得厭煩。

由於早期教育風潮，日本各地出現許多培養幼兒的精英教室，但是這些教室所使用的教材，以及結合智能遊戲的教育法，僅僅使用這些絕對無法將孩子培養成精英，那算是一種錯誤的精英教育法。

語言的教育是幼兒教育法的基礎，缺乏語言的教育，孩子不可能發展深度的精神層面。

即使藉由這些智能教材，使孩子的ＩＱ達到一百八十、二百，不代表孩子就能夠進行深度思考。要訓練深度思考的能力，必須多讀書，一步一步培養孩子的能力。

第13節

學習語言可以培養孩子的思考能力

依照幼兒發展階段，實施不同教育方式

如果不是以有系統的方式指導幼兒進行語言教育，幼兒無法完整發展語言能力，因此，想要教年幼的孩子，更需要特別慎重。

教孩子認字並沒有一定要從幾歲開始的標準。如果可能，不妨從孩子六個月大開始。越早開始，越能夠獲得高度發展，開始越晚，效果則越不明顯。

在此介紹教導幼兒認字的正確方法。

在教孩子認字時，必須遵循以下各階段：

預備階段：準備工作

第一階段：發音

第二階段：讀生詞
第三階段：讀短句
第四階段：讀長句

我先從預備階段和第一階段稍加以說明。

㈠預備階段

幼兒出生六個月，可以開始進行文字教育。父母請將字母表或注音符號表貼在牆壁上，讀的時候用手指著每個字，清楚地念出聲來給孩子聽，一天四、五次，每次時間不超過一分鐘。

剛開始孩子可能不會表現出太大的興趣，這時千萬別灰心，持續下去即可，不久，孩子頭腦就會形成語言的迴路，對文字表現出特別強烈的興趣。

這個時期，可以購買繪本給孩子，但是父母必須和孩子一起看，讀書給孩子聽。每天一定要安排時間說故事給孩子聽，同一個故事可以重複多讀。讀故事時，可以手指著文字一邊讀，一邊念出聲音。

為孩子購買繪本時，應該選擇文字較大、字數較少者為佳。由於媽媽每天為孩子讀故事，孩子就會逐漸對繪本產生親切感，培養愛讀書的習慣，也可以因此培養孩子的專注力。

在實際進行以上的教育時，孩子大約在一歲左右，就開始認字，看到字和繪本時，會高興得手舞足蹈。在一歲半時，媽媽讀故事給孩子聽時，孩子會靜靜地認真聽。

在讀繪本給孩子聽時，不能只讀繪本上的文字，還必須結合以下的方式——

⑴教孩子繪本中的每一個名字。針對某些部分詳細教導。

〔例〕這是貓的眼睛。這是貓的鬍子。眼睛是綠色的（如果不教，孩子永遠不會懂。所以，在第一個階段，必須由媽媽教導）。

⑵詢問孩子各個名稱，並讓孩子用手指出來。

〔例〕貓的腳在哪裡？對。那鼻子在哪裡？（在充分教導後，為了瞭解孩子是否真正理解，所以要讓孩子用手指出來。如果孩子還不會說話，用這種方式也可以表達是否已經理解。）

(3)詢問孩子各個部位的名稱。

〔例〕這是什麼？對，是腳。那是什麼？（這種方式可以使孩子記憶更多名詞，學會發音。初期可以二千、三千個詞彙為目標，不妨利用市面上現成的幼兒學習「掛圖」、「閃卡」等。）

(4)告訴孩子誰在做什麼。

〔例〕貓爸爸在睡午覺，貓媽媽在餵貓寶寶喝牛奶。

(5)告訴孩子用途。

〔例〕這是貓的眼睛，眼睛是用來看東西的。在黑夜中，貓的眼睛也可以看得見。

(6)教學結合實際狀況。

「教學的內容」不要只停留在繪本，要盡可能讓孩子多看實物，盡可能增加孩子的實際體驗。

在這個階段，媽媽應該盡可能讓孩子記憶各種詞彙，讓孩子記憶詞彙的最好方法，就是實際的體驗。

等孩子充分熟悉繪本和文字，就可以開始教孩子認字。如果跳過這個階段，直接進行文字的教育，無法獲得理想的結果。

(二)第一個階段

學習「注音符號」。注音符號一共有三十七個，可以分為以下三大類。

(1)二十一個上層音：

ㄅㄆㄇㄈㄉㄊㄋㄌㄍㄎㄏㄐㄑㄒㄓㄔㄕㄖㄗㄘㄙ

(2)三個中層音：

ㄧㄨㄩ

(3)十三個下層音：

ㄚㄛㄜㄝㄞㄟㄠㄡㄢㄣㄤㄥㄦ

學習文字時，除了以上三十七個音以外，還必須掌握四點：

換讀

將ㄅㄚ讀成ㄆㄚ、ㄇㄚ、ㄈㄚ、ㄉㄚ……。

將ㄅㄧ讀成ㄆㄧ、ㄇㄧ、ㄉㄧ、ㄊㄧ……。

組合

ㄅ↓爸↓爸爸↓爸爸

ㄆ↓跑↓跑步↓爸爸

在家↓爸爸在家看書

跑步↓爸爸跑步回家

正音

ㄓㄔㄕ為捲舌音，ㄗㄘㄙ為非捲舌音，二者應

不教孩子，孩子不會懂得正確的方式來學習。
所以，父母應該盡可能多教導孩子。

分清楚。

四聲發音要清晰。遇輕聲時，勿讀成三聲。

拼音

學習拼音時，直接讀ㄅ↓爸，不要讀成ㄅ↓ㄚ↓爸↓四聲爸。

利用字卡（閃卡）玩遊戲，使孩子熟悉文字

準備以三十七個注音符號為文字開頭的圖案卡片，共三十七張，另外準備只有注音符號（沒有圖案）的卡片三十七張。這裡我要介紹一個簡單的注音符號學習法，只需要十天的時間，就可以讓孩子學會注音符號。

第一天，學習「ㄅ、ㄆ、ㄇ、ㄈ、ㄉ」

首先，準備好三十七張注音圖案卡片，三十七張注音符號卡片，第一次使用先將「ㄅ、ㄆ、ㄇ、ㄈ、ㄉ」的卡片抽出來備用，另外再準備幾張覆蓋卡紙。

請事先把圖案卡片上的注音符號，再寫一次在卡片右上角或左上角。將這些卡片準備妥當，以進行「注音符號學習遊戲」。

由於是一項遊戲，所以，請父母以輕鬆的心情來進行。

①現在將ㄅ（爸爸）、ㄆ（盤子）、ㄇ（蜜蜂）、ㄈ（房屋）、ㄉ（蛋糕）五個注音符號的圖案卡片放在桌子上。（以上是舉例，可以自行選擇ㄅㄆㄇㄈㄉ發音的詞彙即可。）

媽媽依照順序念「爸爸」，等一下讓孩子找出爸爸的卡片。完成後，再重複練習「爸爸」兩三次，然後換孩子說「爸爸」，媽媽依照孩子的「指示」指出卡片。

②五張卡片依序完成，將只有注音的「ㄅ、ㄆ、ㄇ、ㄈ、ㄉ」五張閃卡卡片平放在桌子上。

然後，拿卡片「ㄅ」給孩子看，同時問孩子：「和這張卡片一樣的卡片是哪一張？」可以向孩子解釋，「爸爸」圖卡右（左）上角的「ㄅ」要和閃卡「ㄅ」相配，孩子會學會如何進行遊戲。

在孩子成功指出卡片時，父母請說：「這是爸爸（ㄅㄚˋ ㄅㄚ˙）的ㄅ。」以相同的方式教孩子學習「ㄆ、ㄇ、ㄈ、ㄉ」。當孩子成功指出正確的卡片時，父母請說：「這是盤子的ㄆ」、「這是蜜蜂的ㄇ」等。

③接著和孩子互換角色，將五張圖案卡排在一起，然後把「ㄅ、ㄆ、ㄇ、ㄈ、ㄉ」五張注音閃卡交給孩子，讓孩子以ㄅ＝爸爸，ㄆ＝盤子……的方式，要求父母指出正確的圖案卡。這時，父母要將圖案卡右（左）上角的「ㄅ、ㄆ、ㄇ、ㄈ、ㄉ」指給孩子看，然後把相同的注音閃卡放在圖案卡下方。

第一天練習的時候，讓孩子熟悉圖案卡和字卡的配對方式。不要因為孩子不會做，媽媽就大聲斥責，或拚命「趕進度」。如果時間比較多，媽媽不妨編一個有關爸爸、盤子、蜜蜂、房屋、蛋糕等詞彙有關的故事給孩子聽。

第二天，讓孩子記住「ㄅ、ㄆ、ㄇ、ㄈ、ㄉ」

複習昨天的內容。

剛開始的時候不要強迫孩子記憶文字，所以即使孩子說錯了，也千萬不要斥責。如果遊戲還要被罵，對孩子來說，心情會變得很差，降低學習意願。

④複習好了以後，將「ㄅ、ㄆ、ㄇ、ㄈ、ㄉ」的圖案卡排在一起，另外用其他紙將上面「ㄅ、ㄆ、ㄇ、ㄈ、ㄉ」五個注音符號覆蓋起來。

接著將「ㄅ、ㄆ、ㄇ、ㄈ、ㄉ」的字卡分別放在相對的圖案卡下方。這時如果孩子因為「ㄅ、ㄆ、ㄇ、ㄈ、ㄉ」的符號被覆蓋卡而記不得，不妨先只將其中一兩個蓋住，例如：ㄅ和ㄇ，讓孩子練習記憶。

⑤你可以將「ㄅ、ㄆ、ㄇ、ㄈ、ㄉ」五張字卡隨意放在桌上，問孩子：「ㄅ在哪裡？」、「ㄆ是哪一個？」讓孩子找出適當的卡片。如果孩子答不出來，就再回到前面的遊戲方式重新操作。

⑥最後要進行這兩天學習的總復習。將「ㄅ、ㄆ、ㄇ、ㄈ、ㄉ」等閃卡出示給孩子看，問孩子：「這個注音符號怎麼讀？」

如果孩子答不出來，要重新開始學習。你可以選擇孩子最喜歡的遊戲方式重覆練習，效果會比較理想。請多重覆練習。

第三天，記憶「ㄊ、ㄋ、ㄌ、ㄍ、ㄎ」

這時媽媽不要為了檢驗孩子是否還記得昨天的「ㄅ、ㄆ、ㄇ、ㄈ、ㄉ」而出示舊的字卡，突然問孩子：「這個ㄅ怎麼讀？」

對於剛學會認字的孩子來說，突如其來的「考試」會引起孩子的反感。如果要複習，不妨等一下再將字卡放在桌子上，問孩子：「ㄅ在哪裡呢？」使孩子回憶昨天的卡片遊戲，輕鬆達到相同目的。

學習新的「ㄊ、ㄋ、ㄌ、ㄍ、ㄎ」時，由於孩子已經學會遊戲規則，學習起來很輕鬆。

第四天，記憶「ㄏ、ㄐ、ㄑ、ㄒ」四個注音符號

重新複習前幾天學過的「ㄅ、ㄆ、ㄇ、ㄈ、ㄉ、ㄊ、ㄋ、ㄌ、ㄍ、ㄎ」，並以相同的

遊戲方式學習「ㄏ、ㄐ、ㄑ、ㄒ」。此時孩子很可能會有點厭倦，有些還會表現出「這種遊戲很無聊」，「不想和媽媽一起玩」等態度。當出現這種情況，就應該改變遊戲的方式。

你可以用閃卡來玩抽牌遊戲，或邀請爸爸或哥哥姊姊等其他成員一起參加，增加孩子的興趣。當然，爸爸等人要記得適時稱讚孩子。孩子受到稱讚，意願會大為提升，有時還會要求媽媽「再來一次！」

第五天至第八天

第五天學習「ㄓ、ㄔ、ㄕ、ㄖ」，第六天學習「ㄗ、ㄘ、ㄙ、ㄚ」，第七天學習「ㄛ、ㄜ、ㄝ、ㄞ」，第八天學習「ㄟ、ㄠ、ㄡ、ㄢ」。都以第一天的「ㄅ、ㄆ、ㄇ、ㄈ、ㄉ」的遊戲方式進行即可。

由於每天複習的注音符號變多，如果孩子能夠掌握要領，就會發揮出令人驚訝的吸收力和記憶力。

對於某些外型或讀音比較相似、容易混淆的注音符號，例如：「ㄛ」與「ㄜ」、「ㄡ」，「ㄇ」與「ㄈ」，「ㄣ」與「ㄥ」，「ㄝ」與「ㄟ」，要另外大大地寫在紙上，用正確而清楚的發音多念給孩子聽，告訴孩子其中的差異。

例如：在教孩子記「ㄅ」的時候，可以告訴孩子：「ㄅ是爸爸的ㄅ，爸爸長得好高好大，爸爸最喜歡小寶了，小寶是爸爸的心肝寶貝哦！」媽媽的溫柔話語，有助於孩子的記憶。

第九天、第十天

第九天，讓孩子學習「ㄣ、ㄤ、ㄥ、ㄦ」四個注音。第十天，學習「ㄧ、ㄨ、ㄩ」。孩子發ㄥ、ㄦ、ㄩ的音比較困難，所以最好一個字母、一個字母正確發音給孩子聽。

這樣可以使孩子記憶所有的注音符號。以上的學習方式只是一種學習計畫範例，由於每個孩子的年齡和個性不同，學習進度自然會出現差異。所以媽媽千萬不能操之過急，必須根據孩子的實際情況調整進度或適時引導。

如果媽媽的外語程度不錯，不妨讓小孩從小學習外語，可以套用這裡所介紹的注音符號十天學習法。

語言是學習數學的基礎

對語言的理解能力，影響數學的基礎。孩子如果不懂語言的內容，就無法教會孩子數學。

例如：將二個彈珠和另外三個彈珠放在桌上，問孩子哪一堆比較多。如果孩子連大小都搞不清楚，當然不可能回答這個問題。

因此，你要先讓孩子瞭解與數字的相關詞彙，這是進行數學指導的基礎。以下，都是與數字相關的詞彙，應該優先讓孩子學會。

①多、少。
②再一個、更多。
③很多、很少。

④變多、變少。
⑤滿、一半。
⑥大、小。
⑦一樣多、不一樣多。
⑧長、短。
⑨高、低。
⑩上、下。
⑪內、外。
⑫前、後。
⑬左、右。

一般來說，二歲的孩子可以數到二，三歲可以數到十，四歲數到十五，五歲可以數到二十，六歲可以數到一百。

孩子實物數數的能力比較弱，二歲還不懂得數實物，三歲可以數五件物品，四歲可以數到十三，五歲可以數到十五，六歲可以數到五十。

如果從〇歲開始教孩子數學時，孩子的數學能力會比一般的孩子強。二歲的孩子可以表現出三歲幼兒的能力。

孩子六個月大就可以開始教數學，這時可以用床邊的玩具為教材，數一、二、三、四，每天數幾次。

不要以為幼兒聽不懂，請每天堅持兩三分鐘，一定會出現效果。

當孩子滿六個月時，可將數字一到一百分成十段，寫在紙上，然後貼在牆上，每天讀一次給孩子聽，一邊讀一邊用手指著數字。

這樣做，在吸收能力最強的〇～一歲期間，可以將基本的數列表形成幼兒頭腦的基本原型，孩子會對數字有特別強烈的概念。

孩子滿一歲後，再教孩子與數字相關的詞彙。

這麼做，在孩子在一歲半時，就可以瞭解「一」與「很多」的差異。二歲以後，更可以輕鬆瞭解大、小，長、短之分。

測試孩子對數字相關詞彙的理解程度

為了瞭解孩子是否理解與數字相關的詞彙，可以進行以下測驗。

①在桌上放一堆二個彈珠，一堆一個彈珠，問孩子哪一堆比較多。再分別用三個和二個彈珠，問孩子哪一堆比較多。

②然後，拿二個空盤子分別放入三個彈珠，把其中一盤的一個彈珠拿起來，放到另一個盤子上，問孩子：「哪一個盤子的彈珠變多了，哪一個變少了？」

③再拿二個和一個彈珠分別放在二個空盤子中，放好了以後，把另一個彈珠放在一個彈珠的盤子上，問孩子二個盤子上的彈珠一樣多還是不一樣多。

④另外將相同種類、不同大小的物體放在一起，問孩子哪個大，哪個小。

⑤再拿另一個更大的物體放在一起，問孩子哪一個比較大，哪一個比較小，藉此告訴孩子，物體的大小是相對比較得來的。

⑥將三個同種類、大小不一的物體放在一起，問孩子哪一個最小。

⑦將數量不一的物體放在桌上，讓孩子憑直覺（不需要數數）說出哪一個較多。例如：Ⓐ四個橘子與三個橘子。或適用大小相同的杯子，裝不同量的水。

⑧將二支長短不一的鉛筆放在一起，問孩子哪支鉛筆長，哪支鉛筆短。然後，拿三支不同長度的鉛筆排在一起，問孩子哪一支最長，哪一支第二長，哪一支最短。讓孩子以長短順序，分別用手指給媽媽看。然後，將長短順序弄亂，讓孩子自己以長短順序排列。然後，再用四支、五支鉛筆進行同樣的練習。

⑨將二支長短不一的鉛筆放好，問孩子哪支高，哪支矮。然後，拿三支不同長度的鉛筆排在一起，比較哪一支最高，哪一支第二高，哪一支第三高。增加鉛筆的數量，以同樣的問題問孩子。

⑩將二個箱子疊在一起，問孩子哪一個在上面，哪一個在下面。將玩具放在椅子上，問孩子玩具在椅子的上面還是下面。再將玩具放在椅子下面，問相同的問題。

⑪將彈珠放在一個空盒子裡，再將另外一些彈珠放在這個盒子旁邊，問孩子哪些彈珠

在盒子內，哪些彈珠在盒子外。

⑫將二個玩具前後排列，問孩子哪一個玩具在前，哪一個玩具在後。再將三個玩具前後排列，哪一個在最前面，哪一個在最後面。

⑬將玩具輪流放在孩子左右手，然後問孩子，拿玩具的是左手還是右手。

根據以上的測驗內容，媽媽可以瞭解孩子的學習狀況。

一般孩子應該在二歲半至三歲左右，可以正確回答以上的問題。

而從〇歲就開始接受教育的孩子，可以提早正確回答以上的問題。

第14節

有效進行〇歲教育

進行〇歲教育時，有許多重要事項需要特別注意，在此將本書的重點歸納如下。

重點1　對孩子說話

在幼兒誕生後，應該常常與孩子說話，將幼兒身邊東西的名稱一一告訴孩子。越早與孩子說話，日後孩子的說話能力越強。

重點2　抱孩子外出

常常帶孩子外出，一一把孩子所看到的東西指出來，用說的告訴孩子。

外出時不要將孩子放在嬰兒車裡，要多抱在手中對孩子說話。肌膚的接觸，聽到媽媽說話，可以刺激孩子的學習，培養聰明的孩子。

重點 3　說童話故事

盡可能多說童話故事給孩子聽。不要以為童話故事中的情況是非現實的、不合理的，所以不願意講給孩子聽。其實，故事的非現實性，能夠讓孩子理解抽象、虛擬、天馬行空的世界。不應該將孩子培養成一個只瞭解現實世界的人。

以人物為對象的書和小說，其實都不是現實，而是一個架空的、虛構的世界。創造力必須建立在虛構世界的基礎上，一個只瞭解現實世界的人，根本不可能瞭解藝術的世界。

說童話故事給孩子聽，還有另一個效果，就是可以培養孩子的聽力和理解力。孩子能夠充分理解故事的內容，就會在腦海中想像故事情景。如果媽媽在說故事時帶有富有感情，可以使孩子隨著故事情節歡笑、緊張、悲傷，融入故事情節，從而培養豐富的情操。如此孩子可以發展出掌握傾聽別人談話的能力，上學以後比較能夠理解老師所說的話。

重點 4　給孩子看繪本

從幼兒四、五個月大開始，就應該讓孩子看繪本，告訴孩子書本的內容，每天只需要短短幾分鐘即可。不要一開始就將繪本丟給孩子，讓孩子自己看。媽媽要拿著書和孩子一起看，讓繪本進入孩子的視線範圍，說給孩子聽。剛開始孩子或許會表現出漠不關心的態度，不久，孩子的頭腦漸漸形成繪本的迴路，一歲左右，孩子一看到繪本就會很高興，想要讀書。

曾經有一位家長問我，他得知〇歲教育之後，決定給自己的孩子看繪本，但孩子卻絲毫不感興趣，這位家長不知道該怎麼辦。其實，我們不可能要求孩子一下子就喜歡看書，要每天給孩子看一點，漸漸打開孩子對繪本產生興趣的迴路。

重點5　接觸名曲、名畫

每天放一、二次世界名曲給孩子聽。

可以在房間裝飾一些繪畫作品和藝術品，還要向孩子說明這些作品。

藝術品最好能經常更換，至少一個月要換一次。

重點6　每天帶孩子外出散步

要帶一、二歲的孩子每天外出散步。

外出散步時，並不是默默地走路，而是要在路上不斷和孩子說話。和孩子談談所看到的大自然，無論是地上的一塊小石頭或是小花小草，都可以成為話題。大人可以先預作準備，閱讀一些大自然的相關書籍。

卡爾．維特認為這是使孩子熟悉大自然的最佳教育。

這種教育方式並不是填鴨式主義，而是要激發孩子的興趣，根據孩子的興趣，告訴孩子相關的知識。卡爾就是以這種方式，從父親那裡學到了許多有關動物、植物的知識。日後，在孩子閱讀有關動物學和植物學方面的書籍時很容易理解。

重點 7　不說恐怖的故事

絕對不能說一些恐怖的故事，讓孩子擔驚受怕。例如：恐嚇孩子如果不乖，就會有鬼，或是會有壞人會把孩子抓走等。這些父母用來嚇唬孩子的話，往往會造成孩子心靈很大的傷害。在這種環境下成長的孩子，可能到小學三、四年級也不敢一個人上廁所。

重點 8　不使用禁止語

在教育孩子時，不應該使用禁止、否定的語言。大人常在無意識中，告誡孩子「不能使用剪刀，太危險」或「不可以把紙撕破」、「不可以到外面去」等等，整天將「不行」、「不可以」掛在嘴邊，會使孩子喪失承擔責任的能力，剝奪孩子的自主性。

如果孩子想用剪刀，父母就應該在一旁加以監督，讓孩子正確使用。如果孩子想出門玩，父母要跟在一旁保護孩子的安全，讓孩子切身感受。

如果一味教導孩子逃避，孩子在上學以後，無法和其他小朋友一起玩，只會遠遠地看著其他同學玩。

重點 9　不要否定孩子

有些媽媽會當著孩子的面，對其他父母說「這個孩子一刻都閒不下來」、「做什麼都沒有耐心」，或是「大人說話一點都不聽」等一些否定的話。注意，這些話絕對不能說，否則孩子真的會變成父母所數落的樣子。

重點 10　讚美的藝術

讚美孩子時不要說「我的孩子很厲害」，這樣會讓孩子成為孤芳自賞型的自戀狂。在讚美時，要針對孩子的行為。例如：說孩子「你做得很好，很厲害」，認同孩子可以使孩子成為一個有自信的人。

重點11 不要讓幼兒看電視

盡可能不要讓孩子看電視。澳洲公立大學的研究團體曾經指出，讓幼兒看電視，會破壞孩子的大腦構造，使孩子出現嚴重的自閉症傾向。

重點12 趁早教孩子認字

盡可能趁早教孩子認字。如果孩子能夠順利閱讀書籍，日後學習將得心應手。

為了培養孩子高度的讀書能力，應該儘早培養孩子默讀的習慣。在孩子四、五歲時就培養默讀習慣，看書的速度就會非常快。

但是，在教一、二歲的幼兒認字時，一定要注意成長曲線的問題。

越早開始認字，越接近〇歲，起初可能看不見學習成果，甚至感覺停滯不前。但只要持續練習，一定會有所成長。一旦開始出現成長，速度會非常快，能力比一般強很多倍。

在孩子開始學習認字以後，需要有相當長一段的內在成長時間，才能夠發展閱讀能力。

除了教孩子認字，父母應該努力做到其他比認字更重要的事項——

①經常和孩子說話。

②為孩子讀故事書。

③讀故事書的重點在於要多次重覆，直到孩子能夠自己說出故事為止。

說出一個完整的故事需要相當高度的能力，許多小學四年級的學生無法說出一個完整的故事，這樣的孩子缺乏思考能力，作文無法寫出完整的文章。

孩子從兩三歲開始，父母就應該進行重複說故事的訓練。

重點13　重覆引導

為了培養孩子的能力，重覆引導是一件非常重要的工作。

父母必須瞭解，孩子記得一件事需要三個月的時間。例如：要記住「ㄅ、ㄆ、ㄇ、ㄈ、ㄉ」或是順利地讀完一本故事書，至少需要三個月的時間。這是人類大腦的自然現象。

人類為了能夠輕鬆應付生活，大腦的神經細胞要相互連結，形成一個牢固的網路。形成網路之後，才能輕鬆地處理事物。

在連結神經細胞的突觸周圍，有一種稱為「髓鞘」的脂肪膜，可以傳遞訊息，形成網路。為了形成網路，需要幾百次相同的刺激，而且這些刺激不可以在短時間出現，因為突觸的成長與連結，以及形成髓鞘，不會在短時間之內完成，整個過程至少需要三個月。

因此，會爬行的孩子，需要三個月左右才能學會站立。學會吊單槓也需要三個月。開始學打乒乓球，到可以自由自在熟練的時候，約需要三個月。孩子記憶九九乘法表，也需要三個月的重覆練習。

重點 14　訓練記憶

從孩子幼小時期開始，就應該進行記憶訓練。在這方面，歌德的父親對歌德所進行的教育很值得大家借鑑。

歌德的父親是一位軍人，為人十分嚴格，對歌德的教育絲毫不鬆懈。他很寵愛獨生子歌德，從孩子呱呱落地開始，就教他很多知識。如同卡爾．維特的父親，他將幼小的歌德抱在手上，到街上去散步，同時向孩子講授許多知識。為了使歌德能從遊戲中學習，他花費了不少的心血。

德國有許多通俗易懂的童謠，歌德的父親教孩子許多童謠。這些童謠讀起來十分順口，容易記憶，對豐富語言能力有著舉足輕重的作用。於是，歌德的智力獲得了快速的發展。由於在孩子四歲以前就教導讀書，歌德的父親主要採用以歌詞為寫作方式的書籍為教材。

當歌德長大一點，父親就帶著孩子在法蘭克福市附近散步，告訴孩子許多有關地理和歷史的知識。當時的作家塞拉留斯等人以歌詞的方式，寫了一本介紹地理和歷史的書，於是，歌德父親就利用這些書籍讓歌德學習。

在歌德的教育中，歌德的母親也同樣功不可沒，而且，她的功勞絕不比歌德父親遜色。她很會說故事，從歌德二歲開始，就每天說故事給歌德聽。

這些記憶的訓練都不會白費，因為孩子在二歲、三歲期間，是記憶的天才。

如果能在這段期間進行記憶訓練，將可塑造一個頭腦十分聰明的孩子。曾經有一位二歲的孩子能夠正確牢記一百首詩歌。也有孩子在三歲時，已經學會了九九乘法表。但如果父母不持續進行訓練，這些記憶的內容會消失得很快。

因此，如果想要培養孩子某方面的才能，就必須對孩子進行持續的訓練。

重點 15　訓練思考

想要提高孩子的能力，只有記憶的訓練是不夠的。在孩子三歲以後，要加入思考的訓練。

在孩子六歲以前，思考訓練越多，越能提高智能。

在大腦內部，記憶功能與思考功能由不同的部分掌管。側額葉掌握記憶功能，思考則在前額葉進行。前額葉的功能在訓練以後，會變得十分優秀，但如果不加以訓練，前額葉的功能就會變遲鈍。沒有受到刺激的腦部反而會退化，無法發揮應有的功能。

傳統教育屬於記憶式教育，對於培養思考力和提高智商沒有幫助。提高智商必須進行思考訓練，因此，不妨讓孩子玩「猜謎遊戲」，藉由遊戲的方式使孩子進行智能訓練。

重點 16　讓孩子充分運動

在〇歲幼兒的教育中，不能只偏重智性教育，也要注意健康、運動、道德、情操等各方面。

孩子二歲以後，請每天讓孩子跑步，設定十公尺或二十公尺的距離，讓孩子開始進行跑步的訓練，培養孩子的運動能力。從幼兒時期開始發展與生俱來的運動能力，上小學以後在運動方面的表現會比較傑出。

如果可以，請讓孩子吊單槓。

本章曾介紹過，杜曼博士對腦傷兒童進行治療的過程，經過多年研究，杜曼博士發現，讓孩子每天吊一分鐘單槓，是很好的治療方法之一。

對一般孩子來說，吊單槓也是增加肌肉耐久力的最佳方法之一。

讓孩子先適應單槓，等到熟悉以後，可以讓孩子開始練習以左、右手交替的方式，從單槓的一端移動身體到另一端，或是在單槓上垂吊身體，以手臂力量將身體盡量往上拉等等。

重點17　製作語言學習筆記本

想要有效增加孩子的語言詞彙，可以用這個筆記法。

請為孩子製作一本「生詞簿」。

在生詞簿的第一頁寫下「ㄅ」，第二頁寫「ㄆ」，以這個方式在每一頁的右上角依順序寫「ㄅ」、「ㄆ」、「ㄇ」……。

使用的方法是，讓孩子在每一頁寫下不同發音的生詞，以後只要學到新的生詞，就可以記錄在生詞簿上。例如：「鼻子」寫在「ㄅ」頁，「拼圖」寫在「ㄆ」頁，以此類推。

利用這本筆記本，還可以讓孩子學習分辨名詞、動詞和形容詞，這種學習方式可以使孩子語言豐富。

重點 18　記錄閱讀過的書本

從〇歲開始，將孩子看過的書記錄下來。

在孩子二歲時，可以和孩子一起回頭看已經閱讀過的書籍記錄，究竟看過幾本書，每本書的頁數有多少等等，孩子知道以後，會想要有更好的記錄而更喜歡看書。

這項記錄同時也有助於瞭解孩子成長過程的寶貴記錄。

孩子看過的書一本一本增加，精神糧食的補充，有助於孩子的成長。

重點 19　為孩子準備一本字典

為孩子準備一本容易翻閱的兒童字典，讓孩子可以自己從字典裡面查到詞彙的正確意思，文字的正確寫法等等。

譬如我們坐別人開的車，前往某個地方，到達目的地以後，往往不會記得路要怎麼走。但如果是自己開車查地圖就可以記住。同樣的，別人教導的知識，永遠比不上自己主動查字典，所得到的知識會更加記憶深刻。

因此，可以讓孩子多使用字典。

重點20　培養孩子的「四個原則」

最後，從孩子誕生到一歲時期，請掌握以下「四個原則」。

這四個原則分別是——

①付出關愛。

②付出時間。

③多和孩子說話。

④多稱讚。

如果沒有掌握這四個原則，出生時健康的小寶寶，可能變成一個不快樂的兒童，這種情況並不罕見。

父母必須瞭解，孩子從胎兒階段開始，就可以懂得父母的想法，因此，從胎兒時期開始，請父母就要用心與孩子溝通，給予充分的關愛，這樣的孩子在出生後，情緒會比較穩定，能力的發展也會比較順利。

孩子出生以後，請繼續貫徹「四個原則」，培養一個身心健康的孩子。

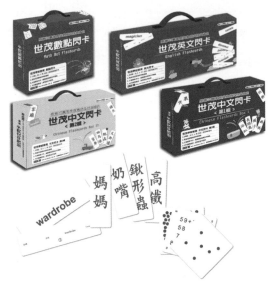

世茂中文閃卡第 2 輯

【特價 1390 元】

【內容介紹】

總計 238 張，包含

中文雙面字卡共 12 類 計 221 張

輔助卡片「的」、「在」各 5 張 計 10 張

空白卡片 計 7 張（家長可自行運用）

13×38 公分，長方形卡片

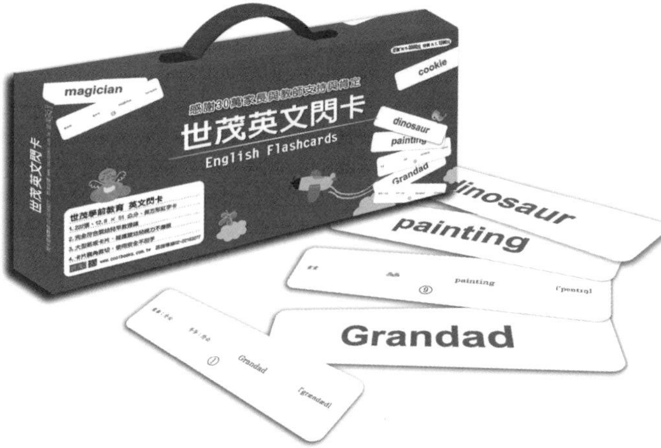

世茂英文閃卡

【特價 1590 元】

【內容介紹】

英 文雙面字卡 共 11 類 計 205 張

第 12 類為造句輔助卡片 計 11 張

空白卡片計 6 張（可自行運用）

共計 222 張，12.8×51 公分長方形卡片，以及教學說明書一份

英文正統發音示範教學 CD 乙片

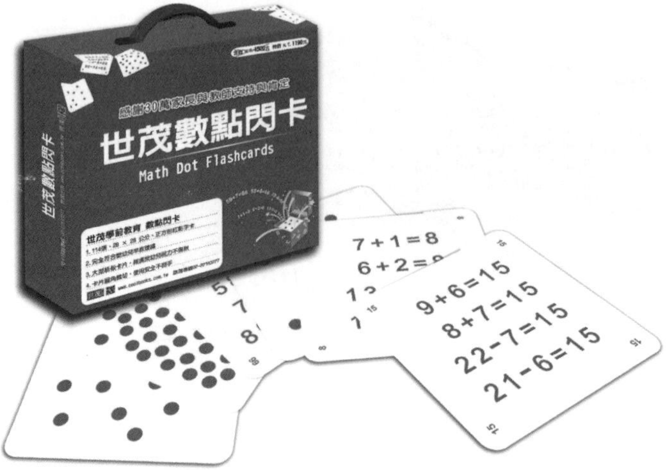

世茂數點閃卡

【特價 1190 元】

【內容介紹】

正面 0-100 紅點，背面算式，計 101 張

＋－×÷＜＞＝各 1 張，計 7 張

空白卡片 6 張（可依照家長需求自行運用）

數點卡片總計 114 張，28×28 公分，正方形卡片

Note

國家圖書館出版品預行編目（CIP）資料

七田真如何激發幼兒智力與才能——全新修訂版 /
七田真作 ; 王蘊潔譯. -- 再版. -- 新北市 :
世茂, 2014.05
面； 公分. -- (婦幼館 ; 145)

ISBN 978-986-5779-33-7（平裝）

1. 育兒 2. 親職教育
428.8 103006241

婦幼館 145

七田真如何激發幼兒智力與才能——全新修訂版

作　　者／七田真
譯　　者／王蘊潔
主　　編／陳文君
責任編輯／張瑋之
封面設計／辰皓國際出版製作有限公司
插　　圖／夏那設計　季曉彤
出 版 者／世茂出版有限公司
負 責 人／簡泰雄
地　　址／（231）新北市新店區民生路 19 號 5 樓
電　　話／（02）2218-3277
傳　　真／（02）2218-3239（訂書專線）
（02）2218-7539
劃撥帳號／19911841
戶　　名／世茂出版有限公司　單次郵購總金額未滿 500 元（含），請加 60 元掛號費
世茂網站／www.coolbooks.com.tw
排版製版／辰皓國際出版製作有限公司
印　　刷／傳興印刷事業有限公司
初版一刷／2014 年 5 月
五刷／2020 年 10 月

ISBN／978-986-5779-33-7
定　　價／250 元

黏貼處

世茂好書・豐富心靈

世潮精典・智慧同行

電話：(02) 22183277
傳真：(02) 22187539

廣告回函
北區郵政管理局登記證
北台字第9702號
免貼郵票

231新北市新店區民生路19號5樓

世茂
世潮 出版有限公司 收
智富

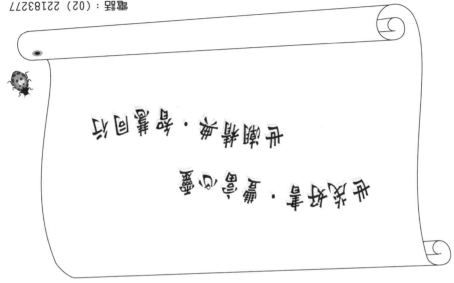

黏貼處

請沿虛線剪下裝訂寄回，謝謝！

讀者回函卡

感謝您購買本書，為了提供您更好的服務，歡迎填妥以下資料並寄回，我們將定期寄給您最新書訊、優惠通知及活動消息。當然您也可以E-mail：service@coolbooks.com.tw，提供我們寶貴的建議。

您的資料（請以正楷填寫清楚）

購買書名：________________

姓名：____________ 生日：______年____月____日

性別：□男 □女 E-mail：________________

住址：□□□______縣市________鄉鎮市區________路街
______段______巷______弄______號______樓

聯絡電話：________________

職業：□傳播 □資訊 □商 □工 □軍公教 □學生 □其他：______

學歷：□碩士以上 □大學 □專科 □高中 □國中以下

購買地點：□書店 □網路書店 □便利商店 □量販店 □其他：______

購買此書原因：___ ___ ___ ___ ___ ___（請按優先順序填寫）
1封面設計 2價格 3內容 4親友介紹 5廣告宣傳 6其他：______

本書評價：___ 封面設計 1非常滿意 2滿意 3普通 4應改進
___ 內　容 1非常滿意 2滿意 3普通 4應改進
___ 編　輯 1非常滿意 2滿意 3普通 4應改進
___ 校　對 1非常滿意 2滿意 3普通 4應改進
___ 定　價 1非常滿意 2滿意 3普通 4應改進

給我們的建議：